◆内蒙古师范大学七十周年校庆学术著作出版基金资助出版

基于光学信息检测技术的羊肉新鲜度快速检测与判别方法研究

张 珏 田海清◎著

U0186168

重庆大学出版社

内容提要

羊肉营养丰富,味道鲜美,深受广大消费者喜爱。新鲜度是衡量羊肉食用价值的重要标准,对其进行准确、快速检测对促进羊肉产业健康快速发展具有重要意义。本书以不同新鲜度的察哈尔冷鲜羊肉为研究对象,分析羊肉变质过程中新鲜度的变化规律,挖掘表征羊肉内部化学成分的光谱特征及颜色、纹理等空间图像特征,并建立基于图谱特征融合的羊肉新鲜度预测模型,多层次、多角度地探索羊肉新鲜度的检测方法,旨在为实现羊肉新鲜度准确、快速、无损判别提供理论依据。

本书可供农业工程、高光谱图像处理、光电检测、食品科学与安全等专业方向的科研和教学人员参考,也可作为科研院所和高等院校相关专业的教学参考用书。

图书在版编目(CIP)数据

基于光学信息检测技术的羊肉新鲜度快速检测与判别
方法研究/张珏,田海清著. -- 重庆:重庆大学出版
社,2022.5
  ISBN 978-7-5689-3215-8

  Ⅰ.①基… Ⅱ.①张… ②田… Ⅲ.①光学检验—应
用—冷冻保鲜—羊肉—鲜度—无损检测 Ⅳ.①TS251.7

中国版本图书馆 CIP 数据核字(2022)第 060282 号

基于光学信息检测技术的羊肉新鲜度快速检测与判别方法研究
JIYU GUANGXUE XINXI JIANCE JISHU DE YANGROU XINXIANDU KUAISU
JIANCE YU PANBIE FANGFA YANJIU

张 珏 田海清 著
策划编辑:杨粮菊

责任编辑:陈 力   版式设计:杨粮菊
责任校对:谢 芳   责任印制:张 策

*

重庆大学出版社出版发行
出版人:饶帮华
社址:重庆市沙坪坝区大学城西路 21 号
邮编:401331
电话:(023)88617190   88617185(中小学)
传真:(023)88617186   88617166
网址:http://www.cqup.com.cn
邮箱:fxk@cqup.com.cn(营销中心)
全国新华书店经销
重庆华林天美印务有限公司印刷

*

开本:720mm×1020mm   1/16   印张:9.25   字数:157 千   插页:16 开 1 页
2022 年 5 月第 1 版   2022 年 5 月第 1 次印刷
ISBN 978-7-5689-3215-8   定价:68.00 元

前 言

　　羊肉营养丰富,味道鲜美,深受广大消费者喜爱。新鲜度是衡量羊肉食用价值的重要标准,对其进行准确、快速检测对促进羊肉产业健康快速发展具有重要意义。传统感官评价、理化检测或微生物实验手段无法满足羊肉流通中对新鲜度快速、准确、无损的检测要求。在众多肉类新鲜度快速无损检测方法中,光学检测技术是极具应用前景的方法。

　　本书以不同新鲜度冷鲜羊肉为研究对象,分析羊肉变质过程中新鲜度的变化规律,挖掘表征新鲜度的关键指标并研究各指标可见近红外(350 ~ 1 050 nm)最佳光谱检测模型,优选并充分融合关键指标的多源光谱特征建立羊肉新鲜度分类模型。在上述基础上,进一步拓宽羊肉新鲜度研究谱段,采用高光谱成像系统获取样本935 ~ 2 539 nm 的近红外光学信息,并以挥发性盐基氮(TVB-N)为主要研究指标对羊肉新鲜度进行更深层次的研究。探索羊肉TVB-N 的光谱及图像特征优选方法,挖掘表征羊肉内部化学成分的光谱特征及颜色、纹理等空间图像特征,并融合光谱、图像特征,建立更为稳定有效的羊肉新鲜度预测模型,从而基于光学信息检测技术多方法、多层次地对羊肉新鲜度进行快速检测研究,旨在为实现羊肉新鲜度的准确、快速、无损判别提供理论依据。具体研究内容及成果如下:

①对不同储藏时间冷鲜羊肉腐败变质机理进行深入研究,分析影响羊肉新鲜度的理化指标、微生物指标及感官指标,并研究各指标在羊肉腐败过程中的变化规律及指标之间的相关性,明确了亮度(L^*)、pH 值、TVB-N 及菌落总数(TVC)是表征羊肉新鲜度的关键指标。

②分析不同光谱预处理方法对羊肉新鲜度预测精度的影响,优选各关键新鲜度指标最佳光谱检测模型。借助"粗略"结合"精细"的网格搜索方法对支持向量机(SVM)模型的 RBF 核函数进行参数寻优,对比最优 SVM 网络模型与 PLSR 模型对羊肉新鲜度的预测效果,优选出表征关键新鲜度指标的最佳光谱特征及预测模型。

③分别以 TVB-N 的光谱特征和关键新鲜度指标融合特征建立 CART 分类树新鲜度判别模型,并对单一指标分类树模型(Single-CART)和复合指标分类树模型(Combination-CART)的预测精度进行验证。结果显示,Single-CART 和 Combination-CART 模型校正集平均分类准确率均为100%,预测集平均分类准确率分别为83.33%和95.83%。Single-CART模型对预测集"新鲜""次新鲜""变质"3 个新鲜度级别样本的识别率分别为88.89%、75%和85.71%,Combination-CART 模型的识别率分别为 100%、87.5% 和 100%。相较 Single-CART 分类模型,Combination-CART 模型的分类结果更加准确且稳定性更好。研究表明,优选并充分利用多源特征变量建立羊肉新鲜度分类模型,能更加准确地判别羊肉新鲜程度。

④以 TVB-N 为主要研究对象对羊肉新鲜度预

测方法进行深入研究,提出基于改进离散粒子群算法(MDBPSO)的羊肉 TVB-N 近红外特征波长优选方法,在粒子更新方式和惯性权重两个方面对传统离散粒子群算法进行优化,并比较分析 MDBPSO 法与常规特征波长提取方法建立 PLSR 模型的预测效果。结果显示,MDBPSO-PLSR 模型校正集 R_c^2 和均方根误差 RMSEC 分别为 0.82 和 3.61,预测集 R_p^2 和均方根误差 RMSEP 分别为 0.81 和 3.68,该模型在计算效率和预测精度等方面较其他模型都有显著提高。

⑤深入挖掘表征羊肉内部化学成分的光谱特征及颜色、纹理等空间图像特征,并以 MDBPSO 法优选光谱特征建立基于随机森林回归(RFR)和反向传播人工神经网络(BPANN)算法的羊肉 TVB-N 含量预测模型,以主成分分析法(PCA)、遗传算法(GA)优选的图像特征建立基于 BPANN 算法的羊肉 TVB-N 预测模型。结果显示,MDBPSO-RFR 为 TVB-N 含量的最佳光谱预测模型,其校正集 R_c^2 和均方根误差 RMSEC 分别为 0.87 和 3.12,预测集 R_p^2 和均方根误差 RMSEP 分别为 0.85 和 3.56;GA-BPANN 为 TVB-N 含量的最佳图像预测模型,其校正集 R_c^2 和均方根误差 RMSEC 分别为 0.81 和 3.71,预测集 R_p^2 和均方根误差 RMSEP 分别为 0.8 和 4.2。上述研究表明,利用光谱特征建立羊肉新鲜度模型的预测效果优于图像特征模型。

⑥比较分析基于光谱、图像特征羊肉新鲜度模型的预测效果,优选表征 TVB-N 含量的最佳光谱、图像特征,并借助 BPANN 模型有效融合图谱特征建立羊肉新鲜度预测模型,结果显示,融合模型校正集 R_c^2 和 RMSEC 分别为 0.87 和 2.86,预测集 R_p^2 和

RMSEP 分别为 0.86 和 2.93。表明融合模型的预测效果优于光谱或图像的单一传感器模型,能更加全面、准确地反映羊肉新鲜程度。

上述研究结果表明,利用光学信息检测技术可快速检测羊肉外部感官品质和内部理化品质,实现对羊肉新鲜度的定量分析和新鲜度等级的定性判别,为开发基于光谱和图像信息的羊肉新鲜度快速检测系统奠定了良好的理论基础。

著　者

2021 年 12 月

目录

第1章
绪 论

1.1 课题研究背景

1.1.1 行业背景

　　羊肉具有丰富的蛋白质、氨基酸、钙、钾等矿物质,且味道鲜美,肉质细腻,是肉品行业大力发展和推广的重点对象[1]。近年来,羊肉产业发展迅速,根据图 1.1 所示的国家统计局数据,2010—2018 年我国羊肉产量总体稳步上升,相比 2010 年的 406.02 万 t,2018 年羊肉产量上涨到 475.07 万 t,涨幅达到 17.01%。从 2013 年起,羊肉在肉类产品中的比重也在持续上升,占比由 2013 年的 4.75% 增加到 2018 年的 5.51%。随着羊肉产量与产值的稳步增长,羊肉产业在畜牧业中的地位不断提升,借助电商新零售及快递物流日趋成熟的产业链优势,羊肉销售模式由传统"线下"售卖发展到"线上"交易,消费模式的转变为羊肉产业的发展带来了新的机遇与挑战,消费者在羊肉产品肉质、营养、风味等方面提出了更高的要求[2]。

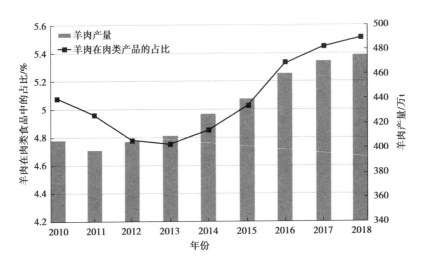

图 1.1 2010—2018 年我国羊肉产量统计分析

羊肉产业持续健康发展对改善居民膳食结构、促进国民经济健康发展有重要影响及作用。羊肉从农场到消费者餐桌需要依次经历饲养、屠宰、生产加工、储运与销售等一系列产业链过程。在此过程中,生鲜肉很容易发生酶解反应和细菌繁殖等变化,致使其新鲜度下降乃至腐败。在肉品食用品质、营养价值降低的同时,食品有效期也会大幅度缩减,以致消费者在食用生鲜肉时,往往错过营养和风味最佳时期,甚至在未知的情况下食用已经腐败变质的肉品而引起中毒,发生食品安全事故。另外,部分生产者为了追逐利益,不惜违反食品安全法规,如饲养过程中在肉羊饲料中添加有害化学添加剂或滥用药物,在屠宰过程中或屠宰后向羊肉注水,经销商随意更改肉品保质期或将过期肉与新鲜肉进行混合掺杂,以次充好。市场上出现的"瘦肉精""注水肉"及"腐败肉"等低品质肉食品屡见不鲜。综上所述,肉食品品质问题存在较大安全隐患,肉品安全不仅涉及居民基本消费安全及健康,而且影响我国肉食品产业的国际竞争力。

1.1.2 国际贸易背景

我国是世界第一羊肉生产国,也是第二羊肉进口国[3],羊肉主要从新西兰和澳大利亚进口。2018 年中澳两国实施第四次降税,进一步增强了澳大利亚在我国羊肉市场的竞争优势。我国羊肉进口关税不断下降,国外优质羊肉不断涌向国内市场,削弱了我国羊肉产品的国际竞争力。品质是产业市场竞争力的关键影响因素,在羊肉品质的加工、检测、分级等宰后处理方面,我国在技术手段及市场监管力度和关注度方面都远落后于西方羊肉产业生产发达国家。发展可靠技术检测手段实现羊肉品质安全分级,并建立合理有效的质量分级体系,已成为正确引导羊肉产业健康发展的当务之急。

1.1.3　地区背景

内蒙古是我国羊肉产业的主产区,呼伦贝尔、科尔沁、锡林郭勒等天然牧场生长的优质牧草达 1 000 多种,成为肉羊养殖资源禀赋极具优势的地区。图 1.2 所示统计数据显示,2018 年内蒙古羊肉产量位列全国之首,由 1995 年的 16.89 万 t 增长到106.3 万 t,占我国羊肉总产量的 22.38%[4]。

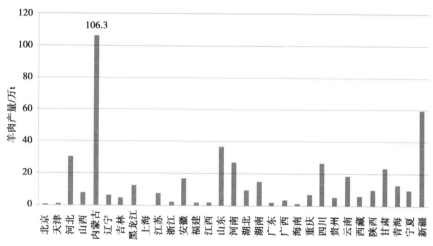

图 1.2　各省、自治区、直辖市羊肉产量统计分析

羊肉产业是内蒙古地区继乳品和羊绒产业后走向全国的第三个新型产业,是地区经济发展和人民创收的重要源头,现已成为自治区畜牧业发展的主要支柱。伴随着内蒙古旅游产业的蓬勃发展,烤全羊、涮羊肉、手把羊肉等特色美食日益受到广大游客青睐,自治区涌现出苏尼特、额尔敦等优秀的羊肉生产加工企业,一定程度上提高了自治区羊肉品牌的知名度。但生产、分级检测技术及管理理念存在一定局限,地区羊肉市场竞争力比较薄弱。为进一步扩大羊肉市场占有率、更好地服务消费者,羊肉行业应提高产品质量及生产效率,大力发展肉品分级检测技术,真正做到肉品的"以质定价"。

1.1.4 政策背景

党的十九大报告中对质量兴农、提高我国农业竞争力给予了高度重视。羊肉产业应积极调整结构,由"增产导向"向"提质导向"转变。国民经济和社会发展"十三五"规划中指出要在食品监管方面开展动态监控,强化技术支撑,实现用信息化提高食品安全监管能力的目标。积极采用科学的手段和方法实现羊肉安全品质检测,对提高自治区羊肉产品国内和国际竞争力有重要意义[5]。

1.2 肉品品质检测现状与研究进展

1.2.1 肉品新鲜度检测现状

《食品安全国家标准—鲜(冻)畜、禽产品》(GB/T 2707—2016)及业内相关研究以挥发性盐基氮含量为主要参考指标,将肉品新鲜度划分为一级新鲜、二级新鲜及变质肉3个等级。目前,肉品加工企业和食品监管部门主要通过感官抽检和理化实验结合的方法进行肉品新鲜度检测。上述传统方法通常难以及时、定量、准确地检测肉食品质量,技术手段的滞后使得市场监管部门无法对肉品质量进行实时在线监管,导致产品质量保障系统及市场监管体系产生漏洞。

1.2.2 传统检测方法

肉品新鲜度的传统检测方法包括感官评定法和理化实验分析法。感官评定法由专业评审人员根据外部特征、弹性、黏度、气味和组织状况等判定肉品新鲜程度[6]。该方法简单直观,但对初期变质的肉品很难得出准确结果,存在易受主观因素影响、测量误差大且结果不宜量化等缺陷。理化实验分析法是运用理化及微生物手段测定 TVB-N 含量、TVC 和过氧化氢酶等理化及微生物指标判定肉品新鲜度[7]，一般通过化学分析法和生物技术分析法实现。化学分析法包括色谱法、腺苷酸测定、K 值测定、电导法等方法[8-9]；生物技术分析法包括 PCR 法、微生物计数法、球蛋白沉淀等方法[10-12]。

上述理化实验分析法准确度高、可靠性好，但操作过程烦琐，耗时费力，不易实现现场快速检测。研究者们相继应用一些快速检测方法进行肉品新鲜度检测[13]。Funazaki 等[14]发现 L^* 值、a^* 值与肉品储藏时间显著相关，提出利用色彩色差计检测肉品新鲜度。彭涛等[15]根据肉品浸液电导率值判定其新鲜度。Russell 等[16]依据蛋白质分解产生的游离氨 L^* 值、a^* 值与肉品储藏时间显著相关的化合物与茚三酮发生变色反应，提出借助茚三酮显色反应法判定肉品新鲜度。新鲜肉、次新鲜肉、变质肉与茚三酮溶液反应后分别呈现微蓝色、浅蓝色和深蓝色。栗绍文等[17]采用过氧化物酶试纸法检测肉品新鲜度，浸液在数秒内呈现蓝色为新鲜肉，3 min 内无颜色反应则被判定为不新鲜肉。上述检测方法检测速度快、操作相对简便，但检测过程对样本有损、受环境条件影响较大，且难以准确地反映肉品新鲜度状态。

综上所述，传统肉品新鲜度检测方法已不能满足屠宰加工储藏工艺发展的实际需要及羊肉产业对肉品大规模、高效、无损及绿色的检测要求，更无法满足国际市场对肉食品质量检测速度、精度及自动化的技术要求，迫切需要研究快速、无损的羊肉新鲜度检测技术，促进羊肉产业健康发展并提升我国羊肉行业的国际竞争力。

1.2.3　快速无损检测方法

随着图像处理、人工智能等现代先进技术的不断创新，肉品品质检测技术正朝着无损、便捷、智能的方向发展。无损检测技术是利用物质的声、光、电、磁等特性，无损地检测及评价待测物品质属性。该方法具有无损、实时、高效诸多优点，在农产品检测领域极具应用潜力，适用于现代化大规模肉类行业的在线检测。近年来，国内外学者以肉品电磁、声学、光学等特性为切入点进行肉品品质研究，并提出了超声波、核磁共振、计算机视觉、电子鼻和电子舌及高光谱成像等先进技术方法。

（1）超声波检测技术

超声波技术[18]利用被测对象的声学特性实现检测，超声波是指频率高于 16 kHz

且不被人类听觉识别的机械弹性波。超声波在被测对象中传播时会受到被测对象声学特性及内部组织结构影响,通过探测超声波吸收特性、衰减系数、传播速度、声阻抗和固有频率等特性的变化程度和状况,可分析被测对象性能和组织结构特性。该技术因方向性好、穿透力强等优势在肉品无损检测领域广泛应用。

在肉品品质无损检测研究中,超声波技术在胴体检测分级方面有较好的应用效果。丹麦、美国等国家研制了超声波检测胴体分级系统,目前比较典型的商用检测系统有 UltraFom300、AutoFom、CVT-2。1998 年,Brøndum 等[19]以猪胴体背部为研究区域,U 形排列 16 个间隔为 25 mm 的超声波传感器,应用 AutoFom 检测系统(SFK,丹麦)获取猪肉胴体三维超声波图像进行肉品特征预测,该系统每小时可完成 1 150 头猪胴体的实时自动在线检测,但该系统硬件结构组成复杂,成本较高。为降低超声波检测胴体分级检测系统硬件成本,2003 年,Fortin 等[20]采用超声波扫描猪胴体眼肌切面结构,再借助光学成像技术获取猪肉背面和侧面二维图像,并重建三维图像,构建融合超声波和光学图像特征的猪胴体瘦肉率预测模型。该研究以增加模型复杂度为代价,降低了硬件开销并取得较好的预测效果,预测相关系数 R^2 为 0.91,对瘦肉率的预测标准残差 RSD 为 1.68%。上述研究表明,超声波技术在肉食品品质检测方面已经具备一定的研究基础。后来的研究者们又将该技术应用于肉品脂肪含量、嫩度、水分及蛋白质含量检测等方面[21-22]。Prados 等[23]根据超声波在腌制猪肉中传播速度的变化,实现了猪肉中盐分和水分含量的无损检测。刘朝鑫等[24]以 MSP430 为控制器,研制了基于超声波能量分析的便携式注水肉无损检测装置,并通过试验对频率分级特征、特征半波等变量进行分析。研究结果表明,特征半波幅值与猪肉含水率之间具有良好的相关性,特征半波幅值阈值设为 4.010 V 时,装置检测正确率可达 98.8%。

综上所述,超声波技术应用前景广阔,但该技术易受超声波频率、测量部位等因素影响[25],在肉品质量检测方面存在一定的局限性。

(2)低场核磁共振技术

核磁共振(NMR)[26]是利用原子核与电磁波之间的能量交换及不同状态水分等信息进行研究的一种技术,恒定磁场强度低于 0.5 T 称为低场核磁共振(LF-NMR)。肉食品中 T_2 弛豫时间分布情况反映了生物体蛋白质结构化学反应中水分区域性和流动性[27]，应用 LF-NMR 技术测定弛豫时间或成像，可以获得多种与水分相关的生物体品质特征信息。已有研究将 LF-NMR 技术应用于肉及肉制品[28-29]、油脂[30-31]、果蔬[32]、蜂蜜[33-34]等食品生产加工领域。

早在 1969 年，Hazlrwood 等[35]就发现，利用肉品中水分子自由运动产生的核磁共振信号可分析肉品中水分与其他品质特性之间的关系。近年来，国内外研究者应用 NMR 技术在注水注胶肉检测[36-38]、解冻及储藏品质鉴定[39-40]及营养食用品质变化规律[41]的研究方面做了大量工作。Shao 等[42]利用 LF-NMR 研究了猪肉糜中水的活性与脂肪对肉蛋白水合状态的影响。庞之列[43]、Li 等[44]研究共同表明 LF-NMR 技术可检测解冻对猪肉品质的影响。Bertram 等[45]利用 LF-NMR 技术将猪肉在 –20 ℃和 –80 ℃下冻藏 10 个月，每隔 1~2 个月分析冻藏温度、冻藏时间对肉品品质及水分的影响。Hullberg 等[46]采用 LF-NMR 技术在肉及肉制品风味、多汁性等方面进行了相关研究。Li 等[47]根据 LF-NMR 成像技术及 T_2 弛豫特性对掺假虾及其掺假部位进行鉴别，还利用主成分分析法（PCA）对不同胶体溶液进行区分。肖虹等[48]以颜色参数（L^* 和 a^*）、TVB-N 及 TVC 等指标评价了冷鲜肉品质，并结合储藏条件（时间及温度）建立动力学模型。2019 年，程天赋等[49-50]利用 LF-NMR 研究了解冻方式对冻猪肉食用品质的影响，以及解冻过程中肌原纤维对鸡肉食用品质的影响。

核磁共振作为一种水分测定新技术，能够检测出肉品水分含量及其分布状况等信息。由于仪器设备成本较高，且核磁信号解谱速度和稳定性、成像速度等技术还有待改善[51]，因此，该技术在肉品检测领域的应用研究有待深入。

（3）电子鼻、电子舌检测技术

电子鼻[52]是 20 世纪 90 年代发展起来模拟生物嗅觉机理的智能传感器，通过模式识别完成对复杂气体的分析[53]。肉品在腐败过程中，在微生物和酶的共同作用下，蛋白质、脂肪和碳水化合物发生分解产生氨、胺、硫化氢、乙硫醇等产物，并散发出臭气。不同新鲜度肉品的硫化氢、氨、酸和有机酸等挥发性物质含量不同，电子鼻可以将不同气体的反应特性转化为"气味指纹图"和"气味标记"，并对这些挥发性物质信息进行定性或定量分析，从而识别肉品腐败程度[54-55]。鉴于电子鼻技术具有测定速度快、简单快捷、重复性好等优势，现已广泛应用于食品[56-57]、牛乳及乳制品[58]等研究领域。

早在 1998 年,Arnold 等[59]借助电子鼻技术研究了肉制品中微生物种类及数量变化,从而判别肉制品新鲜程度。根据肉品挥发性成分随时间的变化特性,国内外学者利用电子鼻对牛肉[60-63]、猪肉[64-66]各种肉类新鲜度进行了检测和分析。

Limbo 等[67]采用 PCA 法对不同温度(4.3 ℃、8.1 ℃和 15.5 ℃)存储下的高氧气调包装牛肉馅新鲜度进行检测,并构建了牛肉保质期衰变动力学模型。Wang 等[68]、张淼等[69]利用电子鼻技术结合 PCA 法实现了对猪肉及牦牛肉新鲜度的判别研究。罗章等[70]以表征力较强的电子鼻检测数据为基础,建立了 10 种传感器响应值与牦牛肉 TVB-N 值的多元线性回归(MLR)模型,模型 R^2 可达 0.998 3,剩余标准差为 0.185 61。研究表明,利用电子鼻技术检测牦牛肉新鲜度有较高可靠性。有研究显示,电子鼻结合气相色谱-质谱(GC-MS)技术可极大地发挥仪器优势,并能准确定量地判定肉品挥发性成分,实现肉品分级与掺假鉴定。王靖等[71]应用电子鼻结合 GC-MS 技术测定了肉品挥发性化合物成分,并采用 Fisher 线性判别法(LDA)分析预测了羊肉掺假鸭肉的判别正确率。杨爽等[72]、张迪雅等[73]应用该技术在鸡肉和牛肉品质分析方面也作了类似研究。姚璐等[74]采用 Airsense 公司的 PEN2 型便携式电子鼻系统,并采用 LDA、PCA 法建立 PLSR 火腿分级模型,实现了 3 种不同等级金华火腿的快速分级。电子鼻技术结合无监督或有监督的特征分析方法,可较好地实现牛肉、猪肉、鸡肉等红肉类别及成分判定[75-78]。李芳等[79]利用电子鼻技术鉴别鸡肉、鸭肉及鹅肉,对比 LDA 法和判别因子分析(DFA)方法对分类精度的影响,结果表明 DFA 法对 3 种鲜禽肉的识别准确率达 95% 以上。周秀丽等[80]研究发现利用电子鼻技术能较好地识别牛胸肉馅料中其他肉类成分,证明了电子鼻对牛肉类掺假识别的可行性。

电子舌是由味觉传感器阵列组成的智能仪器装置,包括了一套模仿人体味觉的电导率测量电路。随着新鲜度的变化,肉品电导率会发生改变,由传感器获得味觉信号,再经过信号处理系统和模式分析系统,从而实现新鲜度判定。

Gil 等[81]利用电子舌阵列传感器研究了冷藏猪肉样本响应信号,发现电子舌响应信号与猪肉 pH 值有较高相关度,PCA 与 BPANN 法在猪肉新鲜度评价方面均有较好的应用效果。易宇文等[82]发现电子舌能够快速、准确地识别不同储藏期的鲌鱼样本。上述研究表明,电子舌技术在肉品新鲜度检测方面有较好的应用效果。另外,该技术在肉品类别及品种鉴别、肉糜掺假方面有较多的报道,且取得了较好的应用效果。Haddi 等[83]应用电子舌技术实现了牛肉、绵羊肉和山羊肉储藏时间及肉品类别的鉴别。王霞等[84]利用多频脉冲电子舌系统对不同生长日龄及品种的鸡肉及加工后熟制鸡腿肉、鸡汤进行香型差异分析,发现电子舌可快速区分鸡肉及鸡肉加工产品品质。田晓静等[85]在羊肉糜中掺入不同质量分数的鸡肉糜,利用电子舌结合 PCA、PLSR 法对羊肉掺假进行快速测定,结果表明,该研究能较好地预测掺入羊肉的鸡肉糜质量分数。Zhang 等[86]利用 TS-5000Z 电子舌测定牛肉的酸味、鲜味、咸味、苦味、涩味、苦后味等风味,借助 PCA 法实现了和牛、安格斯牛和西门塔尔牛 3 个品种牛肉的快速鉴别。

综上所述,电子鼻和电子舌技术在肉品类别、品种、储藏时间、新鲜度及肉品掺假研究等方面有很好的应用前景。由于原料肉及肉制品组成成分复杂,应用该技术必须在封闭空间完成采样工作,且采样时间较长,因此很难将其应用于肉品评定实际场合。另外,敏感膜材料、制造工艺、环境因素及数据处理方法等方面的局限,导致电子鼻和电子舌检测精度不够,无法保证肉品鉴定的准确率。

(4)光学信息检测技术

利用光学信息检测技术可分别获取肉品颜色、形状、大小等感官品质特征,以及反映肉品蛋白质、脂肪等营养成分等内部特征。国内相关研究表明,在涌现出的新兴检测技术手段中,计算机视觉、拉曼光谱、荧光光谱、高光谱成像等光学信息技术在肉品品质检测方面有较好的应用前景。

1)计算机视觉检测技术

肉品在腐败变质过程中,其内部化学组分变化的同时也伴随颜色、纹理等外部特征的变化,可将颜色和纹理特征作为肉品新鲜程度和质量分级的判别依据。计算机视觉技术[87]利用图像传感器(CCD 摄像头)代替人眼获取样本图像信息,通过计算机模拟人的判断去理解和识别目标图像,并借助图像处理技术将肉品颜色、纹理等图像特征进行数字化表达,实现肉品新鲜度的预测和分析。计算机视觉技术检测精度优于人的视觉判断,对目标对象颜色、结构的变化更为灵敏,在快速获取样本外观肌肉颜色和结构特征等方面独具优势,被大量应用于肉品嫩度[88-89]、新鲜度[90-91]、品质分级[92-94]及营养成分分析[95]等品质检测方面。

利用计算机视觉技术结合图像处理方法可提取肉品颜色信息,应用 RGB、HIS、CMYK 等颜色空间提取颜色及纹理特征信息进行肉品新鲜度的预测。Chmiel、张萍萍、潘婧等[96-98] 应用上述方法实现了牛肉、鸡肉及猪肉新鲜度的预测,研究结果表明了计算机视觉技术可以代替感官分析方法对肉质进行准确客观的评定。姜沛宏等[99] 通过机器视觉获取牛肉样本,依据 TVB-N 含量将肉品划分为新鲜、次新鲜和变质 3 个类别,并基于 RGB、HIS 特征分量建立牛肉新鲜度神经网络分级模型,准确率可达 90% 以上。为提高肉品预测精度,研究者们尝试了利用多传感器、多指标融合特征进行肉品新鲜度判别研究。Lin 等[100] 融合计算机视觉、光谱技术及电子鼻等多种技术,借助 BPANN 等方法对猪肉新鲜度进行预测,结果表明,融合模型可有效提高新鲜度模型预测性能。Huang 等[101] 提取了不同传感器下镇江肴肉图像的颜色特征,并利用 GA-PLS 研究了颜色变量与肴肉 TVB-N、TVC 和 RN 3 个新鲜度指标的数学关系。

国内外研究者利用计算机视觉技术对牛肉嫩度、颜色等级及大理石花纹等品质检测作了较为深入的研究。Meng 等[102] 利用改进分水岭算法结合 BPANN 进行大理石花纹分割,分级准确率达 86.84%。Sun 等[103] 利用 KL 小波变换算法提取牛肉颜色及纹理特征,并基于 SMLR 和 SVM 法建立牛肉嫩度判别模型,结果表明,上述模型预测准确率分别为 94.9% 和 100%。Ranasinghesagara 等[104] 根据反射系数和牛肉嫩度的相关性,采用二维光反射系统评估牛肉嫩度。陈坤杰等[105]、Sun 等[106] 以牛肉基础颜色分量平均值和标准差作为特征信息,并借助 BPANN、MLR 及 SVM 等建模方法实现了牛肉肉色等级的快速预测。赵杰文等[107] 对牛肉大理石花纹、肉色及生理成熟度进行深入研究,并设计了牛肉胴体品质检测装置综合评定牛肉质量等级。

综上所述,利用计算机视觉技术可从外观图像中挖掘出样本颜色、纹理等特征信息,再基于这些图像特征信息建立表征肉品品质的定性或定量检测模型。肉品在腐败过程中,成分的微小变化随即引起肉色细微变化,而传统 CCD 相机光谱分辨率较低,提供 3 个宽频谱通道(红 R、绿 G、蓝 B)分量复合而成的彩色图像,波段少且频谱宽,它对色泽信息的细微变化不能灵敏地捕捉和响应。因此,传统计算机视觉技术在物质色泽变化监测方面的精度受到一定限制,以致该技术仅停留在实验室研究阶段,没有应用于工业实际生产。

2)拉曼光谱技术

拉曼光谱技术[108]根据拉曼散射效应分析物质成分及其结构,通过分析与入射光频率不同的散射光谱,获悉分子振动与转动相关信息。肉品在腐败过程中,其蛋白质结构、持水力等性质的变化在拉曼谱带有所体现,拉曼谱带特征峰反映了肉品品质变化。该技术具有快速检测、灵敏度高等优点,在农畜产品领域的应用虽然起步较晚,但在肉品行业拥有良好的应用前景。

水的极性特征致使其红外吸收较强而拉曼散射较弱,因此,拉曼光谱在很大程度上避免了水分变化带来的干扰,能更加准确地反映肉品蛋白、脂肪等营养成分信息。Sowoidnich 等[109-110]发现激光拉曼信号可探测肉品蛋白质变化情况,后来又利用该技术对牛肉、鸡肉、火鸡肉及猪肉进行识别分析。Wackerbarth 等[111]利用共振拉曼光谱技术对猪肉的探测结果显示,经过 600 ~ 700 MPa 高压处理后,猪肉中肌红蛋白结构发生了明显改变。Olsen 等[112]利用拉曼光谱技术结合多种方法定量及定性分析猪肉脂肪分布情况,并研究了融化状态脂肪中包含的各种脂肪酸含量。刘琦等[113]也利用拉曼光谱技术对猪肉蛋白质含量及肉色进行了类似研究。上述研究表明,拉曼光谱技术在获取与肉类营养成分变化及分布信息方面具有较好的应用前景。另外,研究者们还将该技术应用到肉类及肉制品货架期、微生物污染等安全品质检测方面。Daniel 等[114]对猪肉加工过程中加热温度、持续加热时间与其存储期限的相关度进行了系统研究。Schmidt 等[115]利用激发波长为 671 nm 的手持式激光拉曼探测器,透过包装检测肉品微生物腐败变质程度。上述研究表明,拉曼光谱在肉品质量检测方面具有一定应用潜力。不同类别肉品产生的拉曼谱带存在差异,可通过对拉曼谱带的分析实现肉品类别及掺假鉴定[116]。BIASIO 等[117]利用微拉曼光谱技术对鸡肉、猪肉、羊肉、牛肉等红肉进行类别鉴定。Zajac 等[118]发现 937、879、856、829 和 480 cm^{-1} 处的拉曼氨基酸谱带与鲜肉混合物化学成分之间存在良好的拟合度,并利用上述特征谱带鉴定马肉掺假。Boyaci 等[119]利用 200 ~ 2 000 cm^{-1} 拉曼光谱研究牛肉和马肉的纯脂肪,研究发现 974 cm^{-1} 与 1 213 cm^{-1} 处特征波长可快速鉴定牛肉掺假马肉。ZHAO 等[120]利用 900 ~ 1 800 cm^{-1} 分散拉曼光谱识别冷冻-解冻掺假汉堡牛肉饼,利用特征波长分别建立 PLS-DA 和 SIMCA 掺假辨别模型。研究发现,PLS-DA 识别效果较差,SIMCA 识别准确率为 90%。分析认为,这可能是牛肉光谱受冻融后大分子结构变化影响所致。周亚玲等[121]利用拉曼光谱技术结合

PCA 法快速鉴定了牛肉馅中掺假鸡肉糜。另外,拉曼光谱在肉品兽药残留方面也有广泛应用研究[122-123]。

综上所述,拉曼光谱在肉类品质安全及新鲜度检测方面体现出相当优势。然而,样本中有机分子的荧光效应对拉曼光谱检测准确性有较大影响,需根据肉类品质检测实际需要对激光拉曼光谱技术进行深入研究。另外,拉曼光谱仪器比较昂贵,目前还不具备在肉品检测领域中普遍应用的条件。

3)荧光光谱技术

荧光光谱技术[124]是在已知荧光物质标准激发和发射光谱的情况下,通过相关检测手段区分出不同物质分子的一种检测技术。冷鲜肉腐败变质过程伴有脂质氧化、蛋白质水解等化学反应发生,同时有荧光特性物质产生。鉴于激光激发下不同物质辐射出荧光光谱差异性,可利用这些荧光物质的荧光光谱进行肉品检测。肉类中荧光组分及其对应最佳激发波长与发射波长见表 1.1[125]。

表 1.1 肉类中常见荧光物质特性

荧光物质	激发波长 λ_{max}/nm	发射波长 λ_{max}/nm
酪氨酸(tyrosine)	276	302
色氨酸(tryptophan)	280	357
维生素 A(视黄醇)	346	480
维生素 B_2(核黄素)	270	518
维生素 B_6(吡哆醇)	328	400
维生素 E	298	326
还原性辅酶(NADH)	344	465
ATP	292	388
卟啉(porphyrin)	396	614

利用上述肉品物质的荧光特性,研究者们应用荧光光谱技术开展了一系列肉品检测相关研究工作。汪希伟等[126]以猪肉背膘与肉皮区域荧光面积为新鲜度研究指标,开发了一套基于紫外荧光成像原理的猪肉脂质氧化荧光代谢产物检测系统。Pu 等[127]以 340 nm 激发分离猪肉的荧光组分,通过分析荧光组分还原型辅酶的相对含量结合 PLSR 模型评定猪肉新鲜度。Oto 等[128]、Shirai 等[129]采用三维荧光光谱技术

(200 ~ 900 nm)检测肉品腐败产生的 TVC 和 ATP 含量。Eimasry 等[130]将三维荧光光谱与多变量分析法结合,建立 PLSR 模型预测整鱼在冰冻状态下的新鲜度。上述研究结果表明,应用荧光光谱技术在肉品新鲜度预测方面具有一定的可行性。但荧光强度通常比较弱,需针对肉类品质检测实际需要深入研究以提高荧光光谱检测器的灵敏度,使其真正应用于实际在线肉品检测中。

1.2.4 高光谱技术在肉品检测应用中的研究进展

(1)高光谱技术概述

在肉品新鲜度变化过程中,蛋白质、脂肪和水分含量等营养成分也相应发生变化,从而影响肉品组织的光谱吸收系数、散射系数等光学特性。利用肉品中有机物光谱特性可实现肉品品质特征和成分含量的快速检测。

可见光波段为 380 ~ 780 nm,是可以被人眼直接感知的电磁波谱段。在可见光照射下,具有某种颜色的样本会吸收特定波长的可见光。色泽变化是肉品质量评价时较容易捕捉的感官信息,肉品组织的可见光谱在一定程度上反映了肉品化学成分、新鲜度等品质属性。近红外光谱波段通常分为 780 ~ 1 100 nm 短波近红外和 1 100 ~ 2 526 nm 长波近红外两个谱段。近红外光谱与肉品组织分子振动产生的 C—H、O—H、N—H 等含氢基团倍频和合频吸收有关,分析近红外光谱可获取样本内部化学组成等深层次信息。

高光谱成像技术[25]是 19 世纪 80 年代后兴起的光谱图像检测技术,该技术有机结合了传统二维成像技术和光谱技术,可同步获取待测样本空间信息、辐射信息及光谱信息。高光谱成像包含了连续的、窄波段的光学图像数据,光谱范围从紫外到近红外变化,具有图谱合一、分辨率高等特点。高光谱图像是由一系列波长下二维图像组成的三维立方体数据块(图 1.3),其中 (X, Y) 代表二维空间信息,λ_i 代表一维光谱信息。该图像包含了每个像素点的光谱信息及各个波长下的图像信息,不仅能够反映样本大小、形状、颜色及纹理等外部品质特征,还可以反映样本物理结构、化学组分等内部特征。肉品在腐败变质过程中,其蛋白质、脂肪及水分等内部组分会发生变化,还体现在肉色、纹理等外部感官特征方面,上述变化都蕴含在高光谱图像数据信息中。肉品物理特性和化学组成的变化会引起光谱吸光度及图像特征发生改变,通过分析波谱空间分布信息可实现肉品品质定性或定量检测。

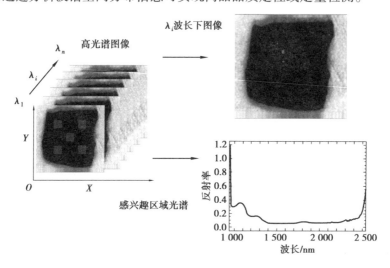

图 1.3　高光谱图像信息

(2)国内外研究现状

高光谱成像技术以其空间信息与化学组分信息相结合的独特优势,在乳品、茶叶、粮油、果蔬等[25]农畜产品检测领域中得到了广泛应用。在肉食品应用方面,学者们将该技术广泛应用于生鲜肉营养成分分析、安全品质鉴定、新鲜度检测等方面。

1)营养成分分析应用及研究进展

脂肪、蛋白质、水分等是衡量肉品营养价值的重要指标。研究者们利用高光谱成像技术在肉品营养品质研究方面做了大量工作。水分是肉品原料的主要成分,肌肉持水性能、水分含量及分布是影响肉品品质、风味及货架期的重要因素。20 世纪 60 年代末期,Ben-Gera[131]等采用分光光度法测定了肉制品乳浊液中水分及脂肪含量。Talens 等[132]利用高光谱成像技术结合 PLSR 模型建立了火腿肉中蛋白质和水分含量检测模型,并通过模型伪彩色可视化直观显示出蛋白质和水分在火腿肉表面的分布状况,Barbin[133]采用该技术对猪肉进行了相同营养指标研究。Yang 等[134]利用高光谱图像的光谱和纹理信息研究了熟牛肉水分含量和储藏时间,实现了不同储藏时间熟牛肉含水量预测与可视化。Liu 等[135-136]利用高光谱成像技术研究了腌肉 pH 值及水分含量的变化,并结合传统 PLSR 等多元统计模型实现了腌肉品质预测。

2016 年,Ishikawa 等[137]利用 450～1 100 nm 可见近红外光谱技术研究了蛋白质与水分子的相互作用,并实现了牛肉含水率无损检测,建立 PLSR 模型预测集 R^2 为 0.96,RMSE 为 0.04。Kamruzzaman 等[138-139]利用高光谱成像技术分别对猪肉、羊肉、牛肉含水率和持水力进行了研究。Ma 等[140]研究了不同加工处理方式下猪背最长肌水分含量。刘善梅等[141]基于高光谱成像技术研究了样本集划分方式、不同光谱预处理方法和波段选择方法对猪肉含水率无损检测的影响。一些研究者还致力于光谱检测模型传递方法与水分检测仪器开发研究,如刘娇等[142]应用高光谱技术建立猪肉含水率 PLSR 定量检测模型,并且研究了猪肉含水率模型适配性问题。石力安等[143]研究了可见、近红外和全波长光谱对牛肉含水率的预测效果,研究表明,全波段建模效果最优,并在此基础上开发了牛肉含水率快速检测系统。

脂肪是生物体的重要组成部分和储能物质,脂肪含量及脂肪酸的组成影响肉的多汁性和嫩度,而蛋白质发生水解后产生的多肽或氨基酸会影响肉品食用风味。Lohumi 等[144]利用高光谱成像技术结合光谱相似测量分析法实现了牛肉脂肪分布预测。爱尔兰 Barbin 团队[145-147]利用近红外高光谱成像技术对猪肉蛋白质、脂肪以及水分含量进行预测,并进行了猪肉品质分级研究。2015 年,该团队又以 pH 值、肉色及含水率为研究指标实现了鸡胸脯肉品质评价。爱尔兰 Elmasry 团队[148-150]利用近红外高光谱图像技术评价了生鲜牛肉品质,并先后开展了持水力、颜色、pH 值、嫩度、水分含量、脂肪含量和蛋白质含量检测研究。上述研究成果表明,应用高光谱成像技术进行肉品营养化学组分快速、无损预测具有较高可行性。国内外针对羊肉营养成分的研究相对较少,仅发现少量的研究报道。Kamruzzaman 等[151]基于高光谱成像技术对羊肉水分、脂肪和蛋白质分别开展检测研究,利用 900～1 700 nm 的近红外光谱信息建立羊肉水分、脂肪和蛋白质预测模型,模型决定系数分别为 0.88、0.88 和 0.63。李学富等[152]应用高光谱成像技术结合 BP 神经网络建立了羊肉脂肪和蛋白质预测模型,相关系数分别为 0.91 和 0.87。王家云等[153-154]利用近红外高光谱图像技术开展了盐池滩羊肉品质检测研究,实现了滩羊肉嫩度快速无损检测和评价。

2)安全品质鉴定应用及研究进展

生鲜肉安全品质检测包括肉品表面污染、微生物腐败变质及掺假掺水肉等方面的检测。肉类在屠宰加工及销售过程中,容易发生微生物污染和繁殖,导致肉品营养成分和食用品质下降。国外早有报道,利用高光谱成像技术可鉴定红肉中由细菌引起的肉质污染及腐败程度。Barbin 等[155]对新鲜猪肉表面微生物污染程度进行了研究,分别将新鲜猪肉置于 0 ℃和 4 ℃低温环境储藏 21 d,利用近红外高光谱技术分析 TVC 含量和嗜冷菌平板计数(PPC)含量。Alshejari 等[156]采用有氧和气调两种包装方式,分别在 0 ℃、5 ℃、10 ℃和 15 ℃下取样,采用模糊神经算法建立牛肉 TVC 指标预测模型,并对不同包装方式进行预测分类。He 等[157-158]利用高光谱成像技术对鲑鱼等养殖鲜鱼表面乳酸菌、假单胞菌数分布和腐败程度进行了深入研究,获得了较为满意的研究结果。Ye 等[159]提出利用一个新的窄带光谱指标来检测鸡肉表面细菌污染程度,发现基于 650 nm 和 700 nm 波长下新鲜度指数 TBFI 模型可较好地预测鸡肉 TVC。

上述研究成果表明,利用高光谱成像技术可实现肉品细菌污染状况实时跟踪预测。国内专家学者对肉品安全品质也作了较为深入的研究,多见于对鸡肉[160]和猪肉[161-162]的报道。Huang 等[163]利用 PCA 分析法提取的 126 个主成分特征变量结合 BPANN 模型较好地实现了猪肉 TVC 检测。赵俊华等[164]利用高光谱成像技术结合区间 iPLS 预测模型对腊肉 TVC 含量进行了定量分析,验证集相关系数 r 为 0.798,$RMSE_{CV}$ 为 0.198。张蕾蕾等[165]从感官、理化和微生物 3 个角度深入研究了冷鲜猪肉在冷链流通和储藏过程中微生物污染和品质损失变化,建立了菌落总数和假单胞菌两个关键微生物指标的实时、快速、无损光学预测模型,并对冷鲜猪肉食用安全进行综合评定。郑彩英等[166]利用高光谱成像技术研究了羊肉污染状况,基于 400 ~ 1 100 nm 和 900 ~ 1 700 nm 的光谱特征开展了冷鲜羊肉 TVC 检测研究。上述研究成果为生鲜肉品细菌总数快速、无损检测仪器的研制提供了一定的理论参考。

食用掺假肉及肉制品可能引发消费者健康隐患,掺假主要表现在肉糜类制品。如 Kamruzzaman 等[167-168]研究了高光谱成像技术对牛肉掺假鸡肉、羊肉掺假猪肉的识别,建立 PLSR 模型预测精度高达 96%,取得了较好的掺假识别效果。Morsy 等[169]等在冷鲜牛肉和融冻牛肉中掺入不同比例的猪肉、脂肪和内脏,并利用近红外光谱技术结合 PLSR 模型进行掺假材料比例预测,且借助 LDA、PLS-DA 和非线性回归分类算法区分了纯牛肉和掺假牛肉。还有学者利用近红外或中红外技术对牛肉掺假马肉[170]和猪肉[171],牛肉汉堡掺假内脏[172]、羊肉掺假鸭肉[173]等进行了研究。白亚斌等[174]对牛肉掺假快速检测进行了研究,将猪肉糜样本按 5% 的梯度、10% ~ 90% 的质量分数掺入牛肉中,利用 400 ~ 1 000 nm 可见/近红外光谱建立牛肉掺假

PLS 模型,模型预测精度可达 98%。张丽华等[175]对牛肉掺假鸭肉进行了判别研究,建立预测模型校正集、预测集正确判别率分别为 97% 和 94%。蒋祎丽等[176]获取 10 000 ~ 4 000 cm^{-1}猪肉糜掺假鸡肉糜样本近红外光谱,建立 PLS-DA 鸡肉掺假判别模型对校正集、预测集正确识别率均为 100%。王伟等[177]利用 400 ~ 1 000 nm 可见近红外二维相关光谱(2DCOS)自相关峰提取特征波长建立了蛋白粉掺假多光谱模型,该研究对 3 种大豆蛋白的检测限分别可达 0.53%、0.58% 和 1.02%,实现了不同大豆蛋白及其掺假梯度的可视化表征。

肉类品种及产地鉴别也是肉品安全性检测的重要研究内容,肉品追踪溯源可为消费者食用安全提供可靠保证。刘卫东等[178]采用 440 ~ 700 nm 的成像光谱仪采集猪肉和牛肉光谱,分别利用 KNN、ANN 和 SVM 模型进行肉品识别,结果表明,3 个模型正确识别率分别为 92.5%、97.5% 和 100%。杨晓忱等[179]基于光谱信息利用 LDA 和 SVM 模型对 3 种产地羊肉品种进行了判别,判别结果识别率均在 95% 以上。Reis 等[180-181]利用近红外光谱技术实现了牛肉胴体的早期在线分类,研究对奶牛、肉牛、小奶牛等胴体分类准确率可达 90%,随后又成功对新鲜鱼片和冷冻/解冻样本进行了判别研究。Lv 等[182]利用近红外光谱技术实现了对青鱼、草鱼、鳗鱼、鲤鱼、鳙鱼和蝙鱼等淡水鱼品种的有效鉴别。Nubiato 等[183]以内诺尔牛肉为研究对象,采用全波段近红外光谱建立 LDA 判别模型鉴别正常牛肉和 DFD 牛肉,研究结果表明,高光谱图像技术能够较好地鉴别不同品质的牛肉,模型总体准确率、灵敏度及特异度分别为 93.6%、94% 和 90.9%。此外,研究者们还对注水肉、注胶肉、冷鲜肉、解冻肉、冻鱼片、冷藏鱼进行鉴定识别[184-189],并取得了较好的研究效果。

3)新鲜度检测应用及研究进展

新鲜度是衡量生鲜肉食用要求的客观标准,可综合反映肉品营养性、安全性和适口性[190]。肉品在腐败变质过程中,其 pH 值、TVB-N 及 TVC 等新鲜度指标均会发生不同程度的变化[191],同时,肉品外观颜色会经历由鲜红、褐色到绿色的变化过程,通过测定肉色可由表及里鉴别肉品新鲜度。

红肉色泽测定的常用方法是使用色差仪测量红肉表面亮度值(L*)、红度值(a*)和黄度值(b*)值[192]。Kamruzzaman 等[193]应用可见近红外波段(400 ~ 1 000 nm)光谱对牛肉、羊肉、猪肉进行了色泽检测研究。Crichton 等[194-195]基于高光谱图像技术分别对 pH 值和肉色开展了牛肉新鲜度检测研究,均取得了较好的研究效果。

Xu[196]融合计算机视觉技术和近红外高光谱图像技术,并借助随机森林机器学习算法检测了鲜鱼的冻伤。

TVB-N 是国标中规定的肉品新鲜度评价指标,国内外学者依据 TVB-N 在肉品新鲜度无损、快速检测方面作了大量的研究。后来又利用近红外光谱和高光谱技术分别研究了鸡肉 TVB-N 和 TVC 含量,发现利用高光谱图像 ROI 平均光谱建模预测精度高于 NIR 光谱模型。邢素霞等[197-198]提取光谱及图像(纹理、颜色)特征,建立基于 K-means-RBF 多源特征融合的鸡肉品质分类模型,模型预测精度可达 100%。张雷蕾等[199]利用高光谱成像技术对猪肉新鲜度进行评价,基于 TVB-N 含量和 pH 值两个指标将猪肉分为一级新鲜、二级新鲜及变质肉 3 个等级。朱启兵等[200]利用高光谱图像光谱均值和熵两类特征研究了猪肉新鲜度,并对 TVB-N 含量进行可视化,直观地呈现了肉品腐败程度和变质区域。刘媛媛等[201]利用可见近红外光谱对生鲜猪肉综合品质进行分类研究,研究表明,分类模型能较好地识别白肌肉、正常肉和黑干肉 3 个类别的猪肉。伊朗的 Khojastehnazhand 等[202]分别利用 400 ~ 1 000 nm 和 1 000 ~ 2 500 nm 的反射光谱结合 PCA、PLS-DA 法估计虹鳟鱼新鲜度,结果表明,可见近红外(400 ~ 1 000 nm)较短波近红外(1 000 ~ 2 500 nm)光谱更适合应用于检测虹鳟鱼新鲜度。Dai 等[203]应用 400 ~ 1 000 nm 近红外光谱研究了大虾 TVB-N 含量,根据能量、熵和模极大值 3 个小波特征建立了 PLS、LS-SVM 和 BPANN 预测模型,并对不同储藏时间虾的 TVB-N 含量进行可视化。研究结果表明,LS-SVM 模型应用效果最好,预测集 R^2、RMSEP、RPD 分别为 0.954 7、0.721 3 mg/100 g 和 4.799。Yu 等[204]应用光谱技术结合深度学习算法研究了虾的新鲜度分级问题。

上述研究成果表明,TVB-N 对肉品新鲜度有较强的表征力。国内外研究者利用可见近红外及高光谱成像技术在羊肉新鲜度检测方面作了一系列研究。段宏伟等[205]利用高光谱图像技术预测真空包装的冷鲜羊肉 TVC 含量,研究表明 CARS 法结合 PLSR 模型可较好地预测羊肉新鲜度。朱荣光等[206]以全波段羊肉反射光谱作为输入量,利用 SMLR、PLSR 和 PCR 3 种建模方法,建立羊肉 TVB-N 含量的预测模型。张晶晶等[207]运用标准变量变换等 5 种光谱预处理方法变换原始光谱,CARS 法、SPA 法提取特征波长,利用可见近红外光谱研究了滩羊肉储藏时间及羊肉 TVB-N 含量。Pu 等[208]获取羊肉半膜肌、半腱肌和背长肌 3 个部位共 126 个样本的近红外高光谱图像,利用 UVE、CSA 和 SPA 法 3 种方法逐次选择特征波长,建立羊肉脂肪、蛋白质和水分含量的 SMLR 预测模型,预测相关系数分别为 0.95、0.8 和 0.91。

上述研究表明,应用高光谱成像技术进行肉品新鲜度检测具有很好的应用前景。研究者们多采用 SPA 法、CARS 法、PCA 等[209-210]特征提取方法,并结合 PLS、MLR、SVM 等[211-213]建模方法对鸡鸭肉[214-215]、牛肉[216]、猪肉[217-219]、羊肉[206]进行新鲜度预测。这些传统方法及模型结构简单易识别、解释能力强,而肉品品质腐败变质过程复杂,且具有明显的时空分异和非线性特征,传统模型不易解释肉品质量属性与其光谱图像信息之间的内在联系,导致模型预测精度不高。为进一步提高光学技术对肉品的检测精度,有学者将神经网络、机器学习算法等先进智能方法应用于肉品新鲜度检测方面。范中建等[220]将预处理后光谱数据分别采用 SPA 法、PCA 法提取特征变量,并比较 BPANN、Adaboost-BPANN 两种方法对羊肉新鲜度分类精度的影响。结果表明,Adaboost-BPANN 模型预测精度较高,校正集与预测集判别准确率分别可达100%、94.44%。Jiang 等[221]以 TVB-N 和 TAC 为研究指标,采用自适应 BPANN 模型实现了羊肉新鲜度分级,分级总体准确率达到93.78%,均方根误差为0.279。Khulal 等[222]结合鸡肉高光谱图像信息和光谱信息,分别基于 PCA 法和蚁群算法(ACO)提取特征图像纹理特征,并建立基于 ASO-BPANN 和 PCA-BPANN 的鸡肉 TVB-N 含量预测模型,预测相关系数分别为 0.71 和 0.75。Pu 等[223]获取猪肉背长肌 400 ~ 1 000 nm 高光谱图像,并融合光谱和图像特征建立鲜猪肉和冻融猪肉概率神经网络判别模型,结果显示,校正集和验证集识别率分别为 93.14% 和90.91%。Sanz[224]割取 30 头整羊的背最长肌、腰大肌、半膜肌和半腱肌 4 个部位的肉,并采用高光谱成像技术区分不同部位的羊肉。Li 等[225]以 TVB-N 和 TVC 为研究指标,提出利用自适应 boosting 正交线性判别分析(AdaBoost-OLDA)算法进行猪肉品质分类,并与 LDA 法和 SVM 法的分类结果进行比较。研究表明,采用 AdaBoost-OLDA 算法对校正集和预测集分类准确率均为100%,预测效果均优于 LDA 法和 SVM 法。

随着光谱及计算机技术的发展,一些国家已经将仪器检测设备运用于生产实际。例如,丹麦 Foss 公司的 FoodScan 系列食品成分快速分析仪可准确检测猪肉、鲜鸡肉肉糜中的蛋白质、渗透性脂肪等营养成分含量。美国的 Silver Spring 近红外光谱分析仪可较好地分析兔肉脂肪酸含量。Naganathan 等[226]设计了基于可调谐滤波器的高光谱成像系统评估牛肉胴体嫩度,系统包括摄像模块、射频模块、潜望镜、高度控制台、透镜和声光可调谐滤波器等模块,检测时无须移动商家包装好的牛肉,通过编程获取选定波长的图像后转换为多光谱成像(MSI)系统,再利用多光谱便携式设备可灵活对牛肉胴体任意部位进行检测。

我国的研究者也在致力于研制肉品快速检测系统或便携式设备。彭彦昆[227]团队研发了一种超光谱成像肉制品嫩度无损检测系统,引领食品无损检测技术领域的新潮流。黄长平研究了不同新鲜度猪肉可见近红外光谱特征,通过试验模拟不同光谱分辨率与信噪比水平,发现在 760 nm 及附近波段,光谱分辨率高于 10 nm,信噪比不低于 45 的条件下,FI 指数能较好地表征猪肉新鲜程度。该研究可为低成本、手持式简易猪肉新鲜度光谱检测设备的设计与研发提供科学依据。孙宏伟等[228]利用可见近红外光谱检测技术和嵌入式系统,开发了灵活方便的猪肉品质无损检测装置。该装置利用卤素灯作为光源,新型光导探头和微型光谱仪采集肉样光谱信息,通过ARM 控制处理器进行集中控制和数据处理。试验结果表明,该无损检测装置可满足猪肉颜色和 pH 值等品质参数的精度检测要求。王文秀等[229]基于 350 ~ 1 100 nm 和 1 000 ~ 2 500 nm 的可见近红外光谱技术建立了原料肉新鲜度主要指标在线检测系统,系统包括光源模块、光谱采集模块、控制模块和驱动模块,可适应不同企业生产线的实际需要,具有较强的实用价值和较好的市场前景。

上述研究表明,利用光谱技术在肉品颜色和新鲜度检测方面有广阔的应用前景。然而,利用单一指标、单一技术的检测精度仍有局限。国内外学者尝试采用多参数、多方法、多角度地进行肉品新鲜度综合评定,旨在提高光学检测技术的精确度和可靠性。Li 等[230]利用高光谱成像技术分别从 TVB-N、pH 值及肉色 3 个角度评价了猪肉新鲜度。De 等[231]利用近红外光谱技术对牛肉 pH 值、蒸煮损失、颜色和剪切力等品质指标进行在线检测,研究结果表明,除剪切力外,pH 值、颜色和蒸煮损失预测模型均取得较好的预测效果。郭培源等[232]利用近红外光谱技术研究猪肉新鲜度,借助 PCA 法结合 SOM 神经网络聚类方法快速检测腊肉等级,并依据 TVB-N 含量重新划分了猪肉新鲜度等级,将国标规定的 3 个等级重新划分为 5 个等级。Zhang 等[233]利用 L^*、TVB-N、TVC 及 pH 值等品质参数研究了猪肉新鲜度,并结合SVM 建立定量预测模型拟合散射参数与参考值之间的数学关系,借助 PLS-DA 和贝叶斯分析对猪肉新鲜度进行了分级预测。上述研究成果为肉类多品质参数快速检测提供了理论依据和应用基础。

综上所述,高光谱成像技术在肉品新鲜度检测方面极具应用潜力,采集羊肉高光谱图像并提取组织结构光学信息,研究光与肌肉组织相互作用规律以及肉类组织光学特性,挖掘光在组织内由吸收和散射变化携带的细节信息,分析新鲜度指标与羊肉组织光学信息数学关系及新鲜度指标预测模型,最终可确立羊肉新鲜度光学快速检测与识别方法,从而实现羊肉产品生产流通过程新鲜度无损、高精度、快速检测。

1.3 研究目的及意义

本书借助光学信息检测技术,以不同新鲜度冷鲜羊肉为研究对象,探讨冷鲜肉腐败变质机理,并分析肉色、pH 值、TVB-N 及 TVC 的变化规律;阐明光学信息检测技术对冷鲜羊肉新鲜度的检测机理,并利用光学检测技术获取反映肉品腐败变质的感官特征和理化特征。针对单一指标、单一技术在肉品新鲜度检测方面的局限性,在充分挖掘羊肉新鲜度关键指标的基础上,综合多源新鲜度指标特征信息,从海量高光谱图像数据中挖掘表征羊肉内部化学成分的光谱特征及颜色、纹理等空间图像特征,不仅从光谱角度,也从图像角度,研究多源数据融合特征提取方法,并挖掘有效特征融合变量,建立更为稳定且精确的羊肉新鲜度预测模型,进而多方法、多角度研究基于图谱特征融合的羊肉新鲜度快速检测方法。利用光学信息检测技术获取羊肉品质特征信息,研究无损、快速羊肉品质检测方法评定羊肉新鲜程度,对提高羊肉市场安全监管效率、提升我国羊肉产业国际竞争力,促进整个肉食品行业健康快速发展具有重要意义。

1.4 研究内容和技术路线

1.4.1 研究内容

以不同储藏时间冷鲜羊肉为研究对象,研究羊肉新鲜度光学检测机理,分析羊肉变质过程中新鲜度指标的变化规律及指标之间的相关关系,挖掘表征羊肉新鲜度的关键指标。获取不同新鲜度羊肉样本 350～1 050 nm 可见近红外光谱信息,并研究羊肉关键新鲜度指标最佳光谱预处理方法,确立基于全谱段光谱信息的关键指标预测模型。优选各关键指标特征变量,并融合多源光谱特征建立羊肉新鲜度分类模型。在上述基础上,进一步拓宽羊肉新鲜度研究谱段,采用高光谱成像系统获取样本 935～2 539 nm 的近红外光学信息,以 TVB-N 为主要研究指标对羊肉新鲜度光学检测方法进行更深层次的研究。探索羊肉 TVB-N 的光谱及图像特征优选方法,挖掘表征羊肉内部化学成分的光谱特征及颜色、纹理等空间图像特征,并有效融合图谱特征发展更为稳定且精确的羊肉新鲜度预测模型。本书从下述 6 个方面开展研究。

(1)研究羊肉新鲜度变化规律,挖掘关键新鲜度指标

对不同储藏时间冷鲜羊肉腐败变质机理进行深入研究,分析影响羊肉新鲜度的理化指标(TVB-N、pH 值)、微生物指标(TVC)及感官指标(L^*、a^*、b^*)的相关特性,并研究羊肉在腐败过程中各指标变化规律及指标之间的相关性,寻找最具表征力的羊品新鲜度关键指标。

(2)利用可见近红外光谱定量分析羊肉新鲜度

获取不同新鲜度羊肉样本的可见近红外(350～1 050 nm)光谱信息,研究不同预处理方法对羊肉新鲜度 PLSR 预测模型的影响,确定关键新鲜度指标的最佳光谱

检测模型。研究关键指标光谱特征的提取方法,并优选特征建立各指标的可见近红外光谱定量分析模型。

(3)羊肉新鲜度等级判别模型建立

融合关键新鲜度指标的可见近红外光谱特征,结合 CART 分类算法建立基于融合特征的羊肉新鲜度等级判别模型,研究可见近红外光谱技术在羊肉新鲜度分类判别方面的可行性。

(4)拓宽羊肉新鲜度研究谱段,优选表征羊肉 TVB-N 近红外特征波长

采用高光谱成像系统获取羊肉样本 935 ~ 2 539 nm 的近红外光学信息,以 TVB-N 为主要研究指标进行深入研究。为明确表征羊肉 TVB-N 含量的近红外特征波长,提出基于改进型离散粒子群算法的特征波长优选方法,在粒子更新方式和惯性权重两个方面对传统离散粒子群算法进行优化,对比采用常规特征波长优选方法对新鲜度 PLSR 模型预测精度的影响,优选表征羊肉 TVB-N 含量的最佳近红外特征波长。

(5)基于光谱和图像特征的羊肉 TVB-N 预测模型

探索羊肉 TVB-N 的光谱及图像特征优选方法,挖掘表征羊肉内部化学成分的光谱特征及颜色、纹理等空间图像特征,分别建立基于光谱和图像特征的羊肉 TVB-N 含量预测模型。

(6)基于图谱特征融合信息的羊肉新鲜度快速预测

研究多源数据特征融合方法,挖掘有效融合特征建立羊肉新鲜度预测模型,确立基于图谱特征融合的羊肉新鲜度表征方法。

1.4.2　技术路线

技术路线流程如图 1.4 所示。

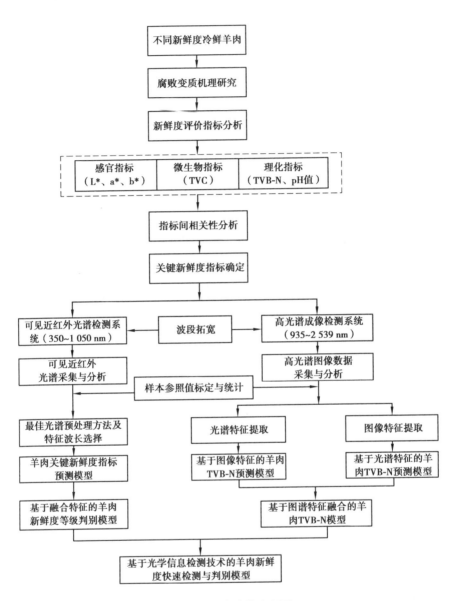

图 1.4 技术路线流程图

1.5　本章小结

本章阐述了传统羊肉品质检测方法及存在的弊端,明确了研究羊肉新鲜度快速、无损检测方法的必要性;综述了超声波检测技术、低场核磁共振技术、电子鼻和电子舌技术及光学检测技术在羊肉快速、无损检测方面的应用现状,分析了计算机视觉技术、拉曼技术和荧光光谱等光学技术在羊肉新鲜度研究应用中存在的问题;重点研究了高光谱技术在肉品营养成分分析、安全品质鉴定、肉色及新鲜度检测等方面应用的可行性;明确了研究目的、意义及研究内容。

第**2**章
羊肉新鲜度光学检测机理及新鲜度指标变化规律研究

2.1 引 言

新鲜度反映了肉品腐败变质程度,是评定肉品食用安全品质的重要特征。肉品新鲜度的评价指标主要包含理化指标(TVB-N 含量、pH 值)、微生物指标(TVC)及感官指标(L^*、a^*、b^*)。本章以不同储藏时间冷鲜羊肉为研究对象,研究羊肉新鲜度光学无损检测机理并分析新鲜度指标变化规律,以 TVB-N 含量作为主要参考指标进行羊肉新鲜度指标相关性分析,寻找表征羊肉新鲜度的关键指标,为实现羊肉新鲜度的准确评价提供可靠的理论基础。

2.2 羊肉新鲜度光学无损检测机理研究

2.2.1 冷鲜羊肉腐败变质机理

冷鲜肉是指严格按照国家卫生标准,对屠宰后的畜胴体迅速进行冷却处理,使胴体温度在 24 h 内降为 0~4 ℃,并在后续加工、流通和销售过程中始终保持在 0~4 ℃的生鲜肉。

肉羊在屠宰后,一般经过尸僵、成熟、自溶、腐败 4 个阶段的连续变化。自溶现象是羊肉腐败开始的标志,腐败分解通常从表面开始。羊肉中大量的水分为物质分解和微生物生存提供了优良环境,在微生物污染及体内组织酶的作用下,营养蛋白分解产生小分子氨基酸,再经脱氨基、氧化还原等作用后,进一步分解为各种有机胺类、有机酸等物质,同时产生 H_2S 等具有不良气味的气体,使羊肉表现出腐败特征。随着腐败分解进程的不断推进,肉品组织内部产生大量恶臭有害物质,与此同时,腐败环境的 pH 值不断发生变化,该指标的高低决定肉品细菌菌相,影响着羊肉腐败变质进程。此外,环境温度升高或氧气量增加都会加速羊肉内部化学反应,加快腐败进程;光照强度增加促使羊肉脂肪氧化及蛋白质分解,加速羊肉分解和微生物繁殖。0~4 ℃的低温属冰点以上温度,该温度储藏环境只能在一定程度上抑制冷鲜羊肉组织中酶的活性、延缓微生物的繁殖速率,但阻挡不了肉品最终发生腐败。

2.2.2 羊肉新鲜度光学检测机理

光学技术对肉食品组织的检测涉及光反射、吸收、散射和透射等一系列复杂的物理过程。光的传输及分布情况与生物组织内部物质生化代谢过程存在密切关系。光作用于物体表面后被分解为两大部分:少量光在组织表面直接发生镜面反射,多数光会进入生物组织内部与组织细胞相互作用产生光的吸收、漫反射及透射。当光进入肉类组织内部后,受到肉品密度、微粒、尺寸等组织结构物理特性的影响,部分光与肉品组织微观结构发生撞击而改变传播方向并发生在不同方向的散射,还有部分光被组织结构吸收发生衰减。肉品光学信息与组织中分子 C—H、O—H、N—H 等含氢基团倍频和合频吸收有关,不同基团在近红外谱区的吸收位置及吸收强度存在差异,基团数量、相邻基团性质、氢键等因素都会影响近红外谱峰的位置和强度。肉品在腐败变质过程中,其蛋白质、脂肪、糖类等有机物分解生成有机酸、氨、酯和醛等小分子有机物,这些化学成分发生变化的同时伴随着含氢基团变化,也在肉品近红外光谱的倍频和合频吸收峰上得以体现。由此可知,近红外光谱是获取肉品成分和结构信息的一种有效载体。综上所述,肉品光学特性与其组织密度及化学组分存在密切关联,通过研究含氢基团吸收峰特征波长及吸收强度等光学特性,可定性或定量分析肉品化学组分相关指标的变化情况。

2.2.3 羊肉理化品质变化

(1)内部理化反应

羊肉储藏期间,蛋白质、脂肪等营养成分在酶和微生物的共同作用下分解产生氨、胺类等含氮碱性物质,胺类物质与组织内有机酸发生化学反应形成具有挥发特性的盐基态氮,称为挥发性盐基氮(TVB-N)。TVB-N 含量与肉品腐败程度之间表现为显著正相关,能有效表征羊肉新鲜程度,TVB-N 是评价羊肉新鲜度的重要指标。另外,羊肉腐败分解开始后,蛋白质分解产生的氨和胺类属碱性物质,使得羊肉 pH 值逐渐增高并趋于碱性,pH 值的大小在一定程度上也反映了羊肉腐败程度。

(2)外部感官变化

随着储藏时间的延长,冷鲜肉感官特征(弹性、黏度、气味和颜色)发生明显变化。微生物不断繁殖使得肉品产生异味,且在其表面产生黏液并伴有拉丝现象。另外,腐败过程中肉品色泽变化比较明显,在排酸后 2～3 d 里,肉品表面肌红蛋白与氧气结合生成氧合肌红蛋白,鲜肉呈现出鲜红色泽。随着储藏时间的延长,肉品表面水分逐渐蒸发,空气中的氧气无法进入肌肉组织内部,细菌微生物不断繁殖代谢促进了高铁肌红蛋白形成,肉色由鲜红、暗红再转变为褐色。随着腐败分解进程的推进,微生物繁殖到一定程度后,肉色由褐色逐渐转变为绿色,此时肉品完全腐败变质。综上,肉的色泽主要受肌红蛋白和血红蛋白影响,冷鲜肉的肌红蛋白接触到氧气并发生化学反应成为氧合肌红蛋白,肉色为鲜红色;在空气中久置后肌红蛋白被氧化为高铁肌红蛋白,肉色转为暗红再到褐色;随着储藏时间的延长,微生物大量分解繁殖产生的硫化氢和血红蛋白相结合,使肉品表明发霉发绿,最后变成黑色。

2.2.4 新鲜度评价指标选取

新鲜度是评价生鲜羊肉质量的重要指标,直接影响消费者购买意愿,对生鲜羊肉新鲜度作出准确、快速的评价十分必要。目前,国内羊肉市场一般通过肉品感官性状来评价其新鲜度,同时配合理化分析、仪器分析、微生物检验等方法进行评价。为客观准确地评定羊肉新鲜度,应全面综合考虑羊肉内在特性和外部特征。通过分析肉品内部理化反应及表面感官特征变化,选择与肉类腐败变质相关的新鲜度指标,充分利用肉品多源数据信息对冷鲜羊肉新鲜度进行全面、综合、准确的判定,以提高光学信息技术检测精度。本书在深入研究羊肉腐败变质机理及肉品内外部特征变化的基础上,选取下述评价指标进行羊肉新鲜度快速检测与识别方法研究:

（1）理化指标

TVB-N 是反映羊肉腐败程度及品质优劣的重要理化参数,也是国家现行肉品安全标准中主要的理化检测指标。测定肉类 TVB-N 的常用方法有半微量定氮法、微量扩散法和分光光度法。本书依据《肉与肉制品卫生标准的分析方法》（GB/T 5009.44—2003）中的半微量定氮法进行测定,肉品新鲜度等级参考《食品安全国家标准—鲜（冻）畜、禽产品》（GB/T 2707—2016）中规定的 TVB-N 含量进行划分。将样本 TVB-N 标定值作为衡量羊肉新鲜度的标准,参照《食品安全国家标准—鲜（冻）畜、禽产品》（GB/2707—2016）与前人研究成果[234-235],以 TVB-N 含量为主要依据将羊肉鲜度划分为 3 个等级:一级鲜度（TVB-N ≤ 15 mg/100 g）、二级鲜度（15 mg/100 g < TVB-N ≤ 25 mg/100 g）、变质肉（TVB-N > 25 mg/100 g）。

pH 值能实时反映羊肉自身的酸碱特性,是影响羊肉适口性的重要指标。随着腐败进程的推进及代谢产物的产生,羊肉新鲜度下降,pH 值逐渐升高,通常利用 pH 试纸或 pH 计,并参照《肉与肉制品　pH 测定》（GB/T 9695.5—2008）中非均质化试样的测定方法测定羊肉 pH 值。

（2）微生物指标

菌落总数（TVC）是我国食品安全检测标准规定的检测指标,是指在一定条件下（如培养温度、时间、需氧条件、营养条件等）单位检验样本中所培养出来的细菌总数。一般情况下,TVC 值越大代表肉品微生物污染越严重,该指标也反映了羊肉的腐败变质程度,通过判断 TVC 变化可综合评定和预测生鲜肉微生物污染程度。目前主要采用直接镜检计数法检测肉品 TVC,羊肉样本经过粉碎、稀释等前处理后,于

(36 ± 1) ℃温度环境下在琼脂培养基中培养(48 ± 2) h,然后人工统计琼脂平板细菌总数。

（3）感官指标

肉品新鲜度下降会引起肉色和气味变化,并伴有黏液产生,这些感官特征是肉品发生腐败的外在体现,也是消费者购买肉品的直观判断依据。肉色与肌肉组织内肌红蛋白的氧化密切相关,随着储藏时间延长,肉品颜色和光泽都会发生变化。通过对肉色测定可由表及里地鉴别肉品新鲜度。肉色成为直观的感官品质评价指标。根据国际照明委员会颁布的色彩模式,常用亮度值(L^*)、红度值(a^*)、黄度值(b^*)等参数来表征肉品颜色,肉色通常利用色差计进行测定。

综上所述,本书选取了羊肉理化指标（TVB-N 和 pH 值）、微生物指标（TVC）和感官指标（L^*、a^* 和 b^*）3 个层面的评价指标进行冷鲜羊肉新鲜度研究。

2.3　不同储藏时间羊肉新鲜度指标变化规律研究

2.3.1　试验材料与理化指标分析仪器

选取羊胴体里脊肉作为试验材料,所用冷鲜肉购于呼和浩特达吾德食品有限公司。利用低温冷藏箱运回实验室后,在超净工作台将鲜羊肉剔除表面脂肪和肌膜,用无菌刀分割成 96 块,尺寸大小约为 70 mm × 70 mm × 20 mm,包装好的样本如图 2.1 所示。将制备的样本利用自封保鲜袋密封后逐个编号,独立整齐地摆放在温度为 4 ℃的冰箱环境中储藏 1 ~ 12 d。每隔 24 h 取出 8 个样本,并将样本分割为两部分:一部分样本用于 TVC 含量测定;另一部分用于 pH 值、肉色及 TVB-N 含量测定。指标测定采用的试验仪器见表 2.1。

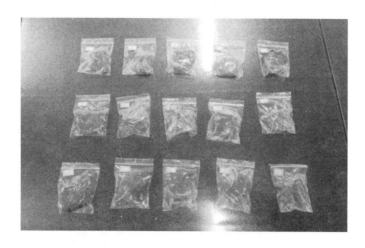

图 2.1　羊肉样本

表 2.1　试验仪器

名　称	型　号	生产厂家
凯式定氮仪	Kjeltec 2300	Foss 公司
立式冰箱	BCD-137TMPF	海尔电器
电子天平	AL204	美国梅特勒-托力公司
pH 计	testo 205	德国德图仪器公司
色差计	Chroma Meter CR400	日本 Konica Minolta 公司
恒温恒湿培养箱	CLC111-TV	德国 Merdcenter Einrichtugen Gmbh
高压灭菌锅	KG-SX-500	日本 KAGOSHIMA SEISAKUSYO 公司
超净工作台	JK-JH01	安徽杰克欧得实验设备有限公司
显微镜	10XB-PC	上海光学仪器一厂

2.3.2　羊肉肉色测量与变化规律研究

肉品在腐败过程中,肉色由鲜红逐渐变为暗红甚至转为褐色或绿色。研究将肉色作为表征羊肉新鲜度的感官品质评价指标,采用颜色指标评定肉品颜色。使用 CR400 色差计对羊肉样本色泽进行快速测定(图 2.2),包括亮度值 L^*(100 到 0 表示从白到黑)、红度值 a^*(红色和绿色之间的颜色程度,0 表示绿色,255 表示红色)、黄度值 b^*(黄色和蓝色之间的颜色程度,0 表示蓝色,255 表示黄色)3 个颜色参数。

选择每个样本的左上、右上、左下、右下及中间 5 个不同测定位置作平行对照,并将 5 次测量平均值作为该样本色泽实测值。

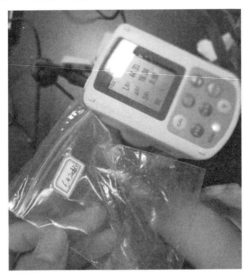

图 2.2　肉色测定

羊肉样本颜色均值随储藏时间变化趋势如图 2.3 所示,储藏过程中 L* 和 b* 值的变化规律基本一致。在储藏的前 3 ~ 4 d 内,两个颜色指标均呈上升趋势,随着储藏时间的延长,肌肉中的肌红蛋白逐渐转化成脱氧高铁肌红蛋白,肉色从鲜红色逐渐转变为褐色,L* 和 b* 值均有不同程度的降低,而 a* 值则呈整体上升趋势且数据存在较大波动,指标曲线没有呈现出明显变化规律,可能是因为实验环境温湿度、空气含氧量及周围微量物质等因素对肉品组织肌红蛋白的氧化造成了一定干扰,以致肌红蛋白与氧合肌红蛋白转换不稳定。

2.3.3　羊肉 pH 值测量与变化规律研究

pH 值是反映羊肉肉质酸碱度的特性,也是影响食用口感的关键指标。参照《食品安全国家标准　食品 pH 值的测定》(GB 5009.237—2016)中的方法[236],采用 Testo 205 pH 计对 pH 值进行测量(图 2.4)。测试前采用已经配制好的磷酸标准缓冲溶液(pH 值分别为 4 和 7)对 pH 计进行两点校准,每次测量结束后,采用蒸馏水对电极进行清洗并用滤纸吸干后进行下一次测定。每个样本测定 6 个不同位置作平行对照,将 6 次测量平均值作为该样本 pH 值测定结果。

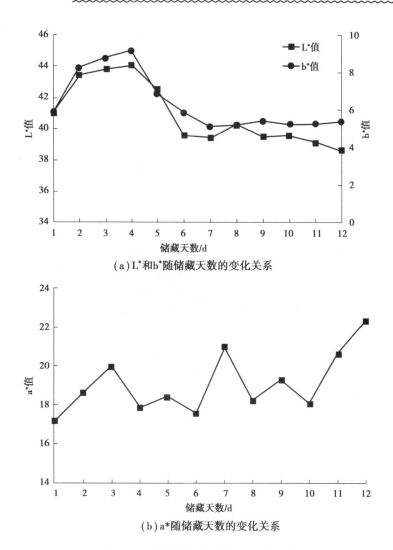

（a）L*和b*随储藏天数的变化关系

（b）a*随储藏天数的变化关系

图2.3　不同储藏天数羊肉肉色的变化

　　羊肉样本 pH 值随储藏时间变化趋势如图 2.5 所示,在整个储藏周期内,羊肉 pH 值整体上呈先降后升的变化趋势。储藏初期,羊肉的 pH 值为 5.73,由于宰后生理代谢终止,肌肉中的能量糖原被各种酶分解为乳酸,从而在腐败还未开始时羊肉 pH 值略有下降,储藏第 3 天的羊肉样本 pH 值达到最小平均值 5.58。第 3 天以后,羊肉组织中的蛋白质在细菌和酶的共同作用下发生分解,产生的氨、胺类等碱性物质促进羊肉快速自溶,pH 值逐渐升高[237]。

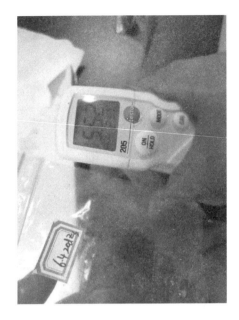

图 2.4　pH 值测定

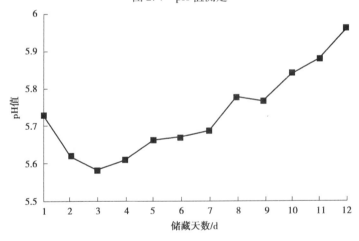

图 2.5　不同储藏天数羊肉 pH 值的变化

2.3.4　羊肉 TVB-N 测量与变化规律研究

TVB-N 是评价肉品新鲜度的主要研究指标,也是实现肉品新鲜度准确检测的重要指标。参照《食品安全国家标准　食品中挥发性盐基氮的测定》(GB 5009.228—2016)中的半微量凯氏定氮法[238],采用 FOSS 凯氏定氮仪测定羊肉样本 TVB-N 含量

（图 2.6），TVB-N 计算方法为

$$X = \frac{(v_1 - v_2) \times c \times 14}{m \times (5/100)} \times 100 \tag{2.1}$$

　　分析羊肉 TVB-N 随储藏时间变化趋势（图 2.7）可知，TVB-N 含量随储藏时间的增加呈递增趋势。样本存储 1 d 后 TVB-N 平均含量为 10.31 mg/100 g，从第 1 天到第 3 天，样本 TVB-N 均值从 10.31 mg/100 g 缓慢增加至 13.37 mg/100 g。当 TVB-N 含量积累达到一定值，假单细菌等有氧细菌的增加在一定程度上有效抑制了蛋白质代谢，进而延缓了 TVB-N 增加速率[239]。从第 4 天起 TVB-N 迅速增加至 16.12 mg/100 g，超过一级新鲜度阈值 15 mg/100 g。随着保鲜袋内现有空气的消耗，有氧细菌减少，乳酸菌等无氧细菌此时达到高峰，蛋白质分解速度进一步加快[240]，肉样存储 9 d 后 TVB-N 显著增加到 27.32 mg/100 g，样本已经开始腐败。

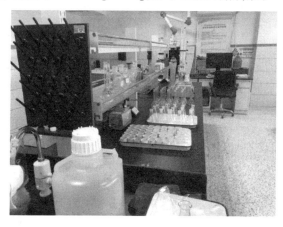

图 2.6　TVB-N 含量测定

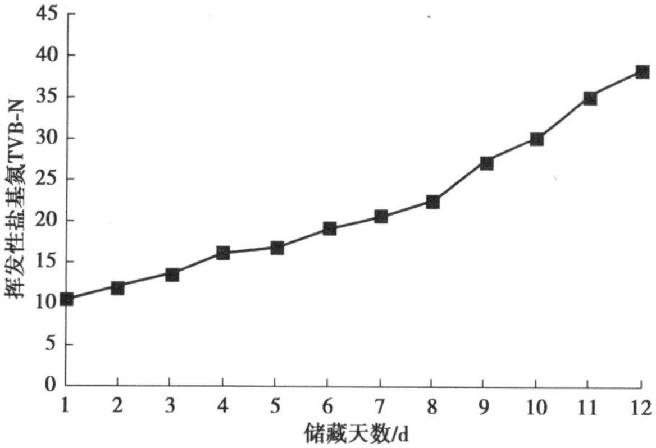

图 2.7　不同储藏天数羊肉 TVB-N 的变化

2.3.5 羊肉 TVC 测量与变化规律研究

细菌是引起羊肉样本发生腐败变质的主要原因,TVC 是肉品微生物重要检测指标。样本高光谱图像数据采集后,立即对样本 TVC 按照《食品安全国家标准食品微生物学检验 菌落总数测定》(GB 4789.2—2016)[241]中单位质量菌落总数标准值进行测定。TVC 测定试验开始前,要对试验所用的锥形瓶、试管、培养皿及枪头等仪器放在高压灭菌锅进行灭菌,且打开生物安全柜中的紫外照射灯对实验操作环境灭菌半小时,确保试验过程操作规范且无污染。将肉样按照 1∶10 比例梯度稀释倒入平板,恒温培养 48h 后采用平板计数法对冷鲜羊肉样本表面细菌总数进行测定(图2.8)。

图 2.8　TVC 测定

羊肉样本 TVC 随储藏时间变化趋势如图 2.9 所示,分析可知,冷鲜羊肉 TVC 变化趋势较为明显,且总体呈上升态势。在储藏的前 3 d,TVC 含量变化不大,肉品处于新鲜状态,此阶段羊肉中的酶对内糖原进行分解,羊肉自身携带的细菌数目相对较少,且繁殖速度较慢。储藏第 4 天,TVC 含量在原 10^3CFU/g 基础上提高了一个数量级,此节点应该为羊肉由新鲜转换为次新鲜的关键时间节点。随着储藏时间的延长,细菌以分裂方式进行快速繁殖,TVC 值持续上升,第 9 天达到 10^6CFU/g,羊肉开始腐败。在储藏后期,TVC 含量呈指数增长,羊肉完全变质。

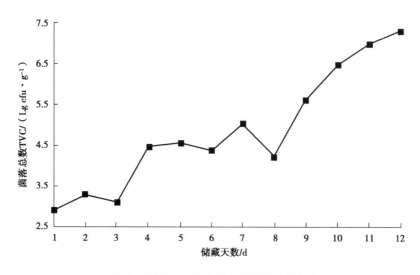

图 2.9　不同储藏天数羊肉菌落总数的变化

2.4　关键新鲜度指标优选

　　TVB-N 是与羊肉新鲜度显著相关的理化指标,也是国家现行肉品安全标准中的主要理化检测指标。本书对肉色(L^*、a^* 和 b^*)、pH 值、TVB-N 和 TVC 4 类新鲜度指标进行相关性分析,并以 TVB-N 为主要参考指标,研究 TVB-N 与其他新鲜度指标的相关关系,寻找对羊肉 TVB-N 表征力较强的指标,并将其作为快速评价羊肉新鲜度的关键指标。

　　肉色(L^*、a^* 和 b^*)、pH 值、TVB-N 和 TVC 4 类新鲜度指标的相关性分析结果见表 2.2。TVB-N 含量与 TVC 数量、L^* 及 pH 值均呈正相关关系,且与 L^*、TVC 数量的相关系数分别为 0.81 和 0.75,表现为极显著相关关系。分析认为,酶解作用和细菌繁殖是导致羊肉腐败的重要因素,而 TVB-N 是羊肉腐败的主要产物,细菌对肉品分解程度随 TVC 数量增加而提高,TVB-N 含量和 TVC 数量存在高度正相关关系。另外,羊肉在腐败过程中,肉的色泽由鲜红色逐渐转为暗红再到褐色、绿色等,同时肉品光泽度及亮度也随之下降,而这一感官特性变化主要反映在 L^* 值的变化方面,L^* 值能间接表征肉品 TVB-N 含量。pH 值指标与 TVB-N 含量及 TVC 数量均表现出弱相关,能够在一定程度上反映肉品新鲜度,而颜色指标 a^*、b^* 与 TVB-N 等其他指标均无明显相关性。

表 2.2　不同储藏时间羊肉新鲜度指标间的相关性分析

新鲜度指标	L*	a*	b*	pH 值	TVC	TVB-N
L*	1	0.13	0.69 * *	0.42 *	0.63 * *	0.75 * *
a*		1	− 0.06	− 0,08	− 0.07	− 0.14
b*			1	0.03	0.16	0.09
pH 值				1	0.37 *	0.46 *
TVC					1	0.81 * *
TVB-N						1

注:* * 表示在 $P < 0.01$ 水平(双侧)上显著相关;* 表示在 $P < 0.05$ 水平(双侧)上显著相关。

2.5　本章小结

本章分析了羊肉腐败过程中内部理化反应和外部化学变化,深入研究了羊肉新鲜度腐败变质机理,明确了将肉色(L^*、a^*、b^*)、pH 值、TVB-N 和 TVC 作为羊肉新鲜度评价指标。采用实验室理化分析法测定羊肉样本 TVB-N 含量和 TVC,利用 pH 计和色度计分别测定 pH 值和肉色(L^*、a^*、b^*)值,再以 TVB-N 含量作为主要参考指标开展羊肉新鲜度指标间相关性分析。结果表明,TVB-N 含量与 TVC 数量、L^* 及 pH 值均表现出显著正相关,pH 值与 TVB-N 含量、TVC 均表现出弱相关,能够在一定程度上反映肉品新鲜度,而 a^*、b^* 与 TVB-N 等其他指标均无明显相关性。本书选取 L^*、pH 值、TVB-N 和 TVC 作为快速评价羊肉新鲜度关键指标,供后续章节研究。

第**3**章

基于全谱段可见近红外光谱信息的羊肉新鲜度预测方法研究

3.1 引 言

肉品在腐败过程中,其肉色、纹理等物理特性及化学组分都相应发生变化,利用光学检测技术可有效获取反映肉品品质的光学特征,而羊肉含水率高且纤维细密,光在肉品组织内传输时产生的光吸收和光散射会损失部分光信息,使得光学仪器捕获漫反射信号携带的调制光信息并不详细,且经常包含一些与样本信息无关的随机噪声信号。有必要探索合适的光谱预处理方法改善光谱特性并去除光谱信息中的噪声干扰,提高羊肉新鲜度光学检测模型的稳定性和准确性,以确立基于全谱段光谱信息的羊肉新鲜度预测方法。本章以 4 ℃环境下冷鲜羊肉为研究对象,采用 ASD QualitySpec 便携式光谱仪获取 350 ~ 1 050 nm 不同新鲜度羊肉样本的高光谱信息,并研究羊肉 L^*、pH 值、TVB-N 含量和 TVC 4 个关键新鲜度指标的预测方法。比较多元散射校正、标准正态变量校正、S-G 卷积平滑和一阶微分等光谱预处理方法对羊肉新鲜度 PLSR 预测模型的影响,并根据校正集、预测集实测值与预测值的相关系数 R_c、R_p 和均方根误差 RMSEC、RMSEP 4 个性能评价指标对各预测模型进行精度验证,优选各关键新鲜度指标最佳光谱检测模型,并确立基于全谱段可见近红外光谱信息的羊肉新鲜度预测方法。

3.2 试验材料与近红外光谱采集

3.2.1 试验材料

选取羔羊胴体里脊肉作为试验材料,所用冷鲜肉购于呼和浩特达吾德食品有限公司。利用低温冷藏箱运回实验室后,在超净工作台将鲜羊肉剔除表面脂肪和肌膜,用无菌刀分割成 96 块,尺寸大小约为 70 mm×70 mm×20 mm,包装好的样本如图 2.1 所示。将制备的样本利用自封保鲜袋密封后逐个编号,独立整齐地摆放在温度为 4 ℃的冰箱环境中储藏 1 ~ 12 d。每隔 24 h 取出 8 个样本,于室温下静置 30 min后,用滤纸吸收表面水分后对样本进行可见近红外光谱采集。光谱信息采集完毕后,将样本分割为两个部分:一部分样本用于 TVC 含量测定;另一部分用于 pH 值、肉色及 TVB-N 含量测定。

3.2.2 羊肉可见近红外光谱采集

采用图 3.1 所示的 ASD QualitySpec 便携式光谱仪(ASD 公司,美国)获取羊肉样本可见近红外光谱反射信息。仪器有效光谱范围为 350 ~ 1 830 nm,其中,350 ~ 1 050 nm光谱分辨率为 3 nm,采样间隔为 1.4 nm;1 050 ~ 1 830 nm 光谱分辨率为 10 nm,采样间隔为 2 nm。

样本光谱信息采集前先打开光谱仪预热机器 30 min,通过计算机配置 ASD 光谱采集软件环境,设定区域、语言环境及计算机 IP 地址,并启动 RS3 光谱采集软件。测量样本反射光谱时,按下 DC 按钮进行暗电流校正,再将镜头对准白板,进行 OPT 优化,然后按下 WR 按钮采集参考白板。随后将镜头对准羊肉样本,避开羊肉结缔、筋腱部位,按下空格键分别采集并存储样本 3 个不同部位的羊肉反射光谱,并将不同部位平均反射光谱作为该样本反射光谱。

图 3.1　ASD QualitySpec 便携式光谱仪

3.2.3　光谱预处理方法研究

光谱信息除包含有用的羊肉理化信息外,还包括了仪器噪声、电噪声等干扰信号,样本光谱测量过程会受上述干扰因素影响,导致光谱基线漂移及不重复性现象产生。在利用化学计量学方法分析肉品品质过程中,采用适当的光谱预处理方法有利于优化光谱性能、降低背景噪声干扰等因素影响,从而提高羊肉新鲜度光学检测模型的稳定性和准确性。

（1）多元散射校正

多元散射校正(MSC)可有效消除被测样本表面颗粒分布不均及颗粒大小不一致等因素产生的散射影响。该方法将样本光谱吸光度信息与散射信息进行分离,从而增强与待测样本预测目标相关的光谱吸光度信息。假设每个样本的测量光谱与"理想"光谱之间存在线性关系,通常情况下,利用校正集平均光谱代替"理想"光谱。计算每个波长下测量光谱与"理想"光谱值之间的线性关系,实现对样本原始光谱校正。具体计算步骤如下:

1)计算校正集平均光谱

$$\overline{X} = \frac{\sum\limits_{i-1}^{n} X_i}{n} \tag{3.1}$$

2)利用最小二乘法求多项式回归系数

$$X_i = m_i \overline{X} + b_i \tag{3.2}$$

3)对原始光谱进行校正

$$X_{ic} = \frac{X_i - b_i}{m_i} \tag{3.3}$$

式中:X 为样本光谱;n 为校正集样本数;$\overline{X}$ 为校正集平均光谱;X_i 为第 i 个样本的光谱;m_i 为第 i 个样本的回归系数;b_i 为样本 i 的回归常数;X_{ic} 为校正后 X_i 的光谱值。

(2)标准正态变量校正

利用标准正态变量校正(SNV)对差异较大的样本光谱有较强的校正能力,可消除因固体颗粒大小差异、散射或测量光程变化引起的光谱误差。变换光谱计算公式为

$$X_{\text{SNV}} = \frac{x - \overline{x}}{\sqrt{\dfrac{\sum\limits_{k=1}^{m} (x_k - \overline{x})}{(m - 1)}}} \tag{3.4}$$

式中:$\overline{x}$ 为光谱平均值;m 为波长点数;$k = 1,2,\cdots,m$。

(3)Savitzky-Golay 卷积平滑

S-G 卷积平滑法是 1964 年由 Abraham SavEtzky 和 Marcel J. E. Golay 提出的。该方法通过多项式对移动窗口内数据进行多项式最小二乘拟合,将最小二乘表达式的拟合系数作为数字滤波函数对原始光谱进行平滑与降噪,在滤除噪声的同时,保持光谱信号形状和宽度不变。计算公式为

$$X_{K,\text{smooth}} = \overline{X}_K = \frac{1}{H} \sum\limits_{-w}^{+w} X_{K+1} h_i \tag{3.5}$$

式中:h_i 为平滑系数;H 为归一化因子。

（4）微分

样本内部化学组分及外部实验环境等因素干扰,导致样本光谱基线漂移及谱线重叠等现象产生,通过微分处理可有效平缓背景干扰、消除光线漂移和强化谱带特征,进而提高光谱数据分辨率。常见微分方法包括一阶微分和二阶微分。

1）一阶微分

$$\frac{\mathrm{d}x}{\mathrm{d}\lambda} = \frac{x_{i+1} - x_{i-1}}{\Delta\lambda} \tag{3.6}$$

2）二阶微分

$$\frac{\mathrm{d}^2 x}{\mathrm{d}\lambda^2} = \frac{x_{i+1} - 2x_i + x_{i-1}}{\Delta\lambda^2} \tag{3.7}$$

式中:x 为光谱反射率;λ 为波长。

3.2.4　偏最小二乘回归模型

偏最小二乘回归（PLSR）是一种基于多变量回归分析的多元统计数据分析方法,主要研究多个因变量对多自变量回归建模。在回归建模过程中将光谱矩阵和目标矩阵同时分解,提取对群体数据有最佳解释能力主成分来消除多个变量间的共线性。其建模原理如下:

①对光谱矩阵和目标矩阵同时进行分解:

$$X = TP^{\mathrm{T}} + E$$
$$Y = UQ^{\mathrm{T}} + F \tag{3.8}$$

式中:T、P 为自变量 X 的得分矩阵和载荷矩阵;U、Q 为因变量 Y 的得分矩阵和载荷矩阵;E、F 为 PLSR 模型拟合 X 和 Y 时带入的矩阵误差。

②建立特征因子矩阵 T 和 U 的多元线性回归模型:

$$U = TB + E_{\mathrm{d}}$$
$$B = (T^{\mathrm{T}}T)^{-1}TU \tag{3.9}$$

式中:E_{d} 为误差矩阵;B 为关联系数矩阵。

③对未知样本成分矩阵:

$$Y = x(UX)'BQ \tag{3.10}$$

式中:x 为未知样本的光谱数据;Y 为未知样本的理化预测值。

3.3　结果与分析

3.3.1　羊肉样本可见近红外反射光谱分析

在采集羊肉样本可见近红外光谱信息过程中,由于采集系统及外部环境因素等影响,反射光谱中常伴有高频随机噪声、基线漂移等噪声,光谱检测器边缘获得首端(350~399 nm)和末端(1 000~1 050 nm)光谱信息中均存在较大噪声,因此选取400~1 000 nm光谱数据用于后续羊肉新鲜度建模分析研究。

分析羊肉样本可见近红外谱区反射光谱[图3.2(a)]发现,不同储藏天数样本反射率存在差异,但谱线趋势整体一致,在420、550、760及980 nm附近存在明显的特征吸收峰。其中,420 nm附近为脱氧肌红蛋白、氧合肌红蛋白和高铁肌红蛋白的吸收峰值;560 nm附近主要为脱氧肌红蛋白的吸收峰;760 nm附近为血红蛋白及肌红蛋白的吸收峰;980 nm左右为水分吸收峰。图3.2(b)所示为第2、6、11天样本平均反射光谱曲线,其中每条特征曲线为当天样本平均反射光谱。由图3.2(b)可知,不同样本光谱反射曲线整体趋势一致,但光谱反射率会随样本保存时间的延长发生变化,储藏时间久的样本光谱相对反射率较低。分析认为,肉品表面颜色随新鲜度下降而逐渐变暗,从而导致表面相对反射光强度降低。上述光谱特征为利用可见近红外高光谱技术分析肉品新鲜度提供了理论依据。

3.3.2　全波段光谱预测性能分析

(1)样本校正集和预测集划分

剔除光谱采集异常和理化指标测定时出现意外或未进行测量的6个异常样本,将剩余90个样本划分校正集和预测集,用于羊肉新鲜度预测模型建立和测试。为提高模型预测精度,采用 K-S(Kennard-Stone)算法对样本进行筛选以划分校正集和预测集,66 个样本为校正集,24 个样本为预测集。K-S 算法划分羊肉样本 TVB-N 统计值见表 3.1。分析表 3.1 可知,所选样本有较明显差异,校正集与测试集数据范围基本相符,样本划分合理,有助于建立稳定的校正模型。

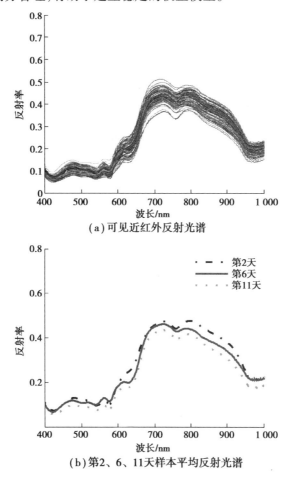

(a)可见近红外反射光谱

(b)第 2、6、11 天样本平均反射光谱

图 3.2　全部样本及第 2、6、11 天样本平均反射光谱曲线

表 3.1　校正集和预测集样本新鲜度理化指标统计

新鲜度指标	校正集				预测集			
	最小值	最大值	平均值	标准偏差	最小值	最大值	平均值	标准偏差
L*	35.38	46.91	40.63	1.98	34.87	46.25	41.29	1.76
pH 值	5.28	6.34	5.71	0.12	5.31	6.26	5.73	0.14

续表

新鲜度指标	校正集				预测集			
	最小值	最大值	平均值	标准偏差	最小值	最大值	平均值	标准偏差
TVB-N/ (mg·100 g^{-1})	8.03	37.98	18.31	8.85	8.48	39.47	19.34	8.91
TVC/(Lg CFU·g^{-1})	2.86	7.39	4.82	1.36	3.08	7.61	4.91	1.39

（2）预处理方法与对羊肉新鲜度预测结果的影响

本书分别采用多元散射校正（MSC）、标准正态化变换（SNV）、S-G 卷积平滑、一阶微分（1stder）方法对羊肉光谱进行预处理,如图 3.3 所示为原始光谱经预处理后

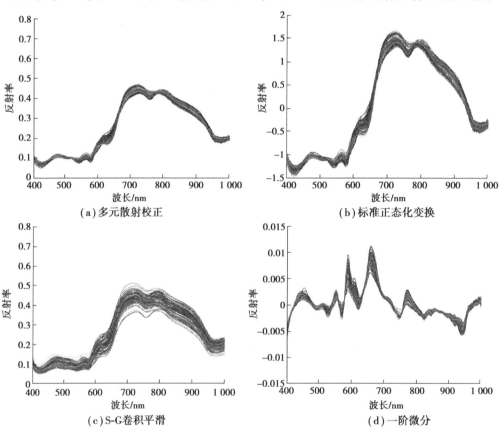

（a）多元散射校正　　　　　　　　（b）标准正态化变换

（c）S-G卷积平滑　　　　　　　　（d）一阶微分

图 3.3　预处理后光谱曲线

的光谱曲线。分析不同预处理方法对羊肉新鲜度 PLSR 模型预测效果的影响,结果见表 3.2。

表 3.2　不同预处理方法下羊肉新鲜度关键指标的 PLSR 预测结果

品质指标	预处理方法	PLS 因子数	校正集		预测集	
			R_c	RMSEC	R_p	RMSEP
L*	Raw data	9	0.801 5	2.186 3	0.796 6	2.236 5
	MSC	5	0.855 6	1.844 3	0.826 7	1.926 1
	SNV	7	0.784 6	2.364 7	0.743 7	2.536 9
	Savitzky-Golay	6	0.825 4	1.953 7	0.804 3	2.043 2
	1st der	6	0.813 6	1.984 3	0.735 7	2.529 5
pH 值	Raw data	8	0.648 3	0.736 8	0.527 3	1.476 4
	MSC	4	0.739 3	0.425 6	0.628 3	0.782 1
	SNV	5	0.801 7	0.314 3	0.703 1	0.598 3
	Savitzky-Golay	7	0.698 2	0.618 6	0.603 5	0.875 9
	1st der	5	0.821 5	0.276 2	0.813 7	0.312 6
TVB-N	Raw data	7	0.823 8	4.764 3	0.759 2	4.876 4
	MSC	11	0.864 3	4.682 1	0.849 3	4.823 7
	SNV	6	0.783 2	4.796 4	0.703 2	4.967 3
	Savitzky-Golay	5	0.732 3	4.864 7	0.654 2	5.215 3
	1st der	3	0.758 2	4.826 3	0.740 2	4.683 5
TVC	Raw data	8	0.784 3	1.386 3	0.723 6	1.543 6
	MSC	7	0.853 7	1.257 3	0.844 3	1.365 2
	SNV	6	0.813 1	1.286 4	0.753 2	1.475 2
	Savitzky-Golay	6	0.723 2	1.585 3	0.604 2	1.653 7
	1st der	4	0.793 2	1.357 2	0.668 4	1.617 5

由表 3.2 可知,采用 MSC 光谱预处理后,L*、TVB-N 和 TVC 3 个参数 PLSR 模型预测效果均好于原始光谱模型,建模采用因子数也相应减少。表明光谱采集时,样本物理状态对有效光谱信息获取有较大影响,利用 MSC 预处理方法可降低样本表面光散射程度并加强有效光谱信息。SNV 光谱预处理后,L* 和 TVB-N 模型的预

测能力低于原始光谱模型;pH 值和 TVC 模型校正集 R_c 高于原始光谱模型,其值分别为 0.801 7 和 0.813 1,然而 R_p 值分别为 0.703 1 和 0.753 2,表明 L^* 和 TVB-N 模型虽具备一定的预测能力,但 R_c 和 R_p 值差值较大,模型稳定性及鲁棒性较差。Savitzky-Golay 预处理后,L^* 模型的预测精度高于原始光谱模型,但其他 3 个模型的预测能力均有所下降。表明光谱平滑处理忽略了某些有效细节信息,从而降低了预处理光谱对羊肉成分含量的表征力。1^{st}der 预处理后,L^* 模型的预测精度高于原始光谱模型,但在其他 3 个指标预测方面表现一般。表明样本厚度不一致或采样过程中镜头轻微抖动引起的光谱基线漂移现象对分析羊肉品质特征影响较小。

1^{st}der 预处理后光谱建立 pH 值模型 R_c 和 RMSEC 分别为 0.821 5 和 0.276 2,R_p 和 RMSEP 分别为 0.8137 和 0.3126,该模型预测精度及准确度都高于其他模型,这与王丽等采用 MSC 结合 1^{st}der 预处理光谱对猪肉 L^* 值的研究结果类似。相比其他预处理方法,利用 MSC 预处理后光谱建立的 L^*、TVB-N 和 TVC 模型预测效果最佳。分析认为,在制备样本时,虽然尽量做到样本表面平整且厚度统一,且用滤纸吸取样本表面水分,但羊肉物质本身颗粒较大且含水率高,样本表面不均匀或镜面反射会产生光散射等噪声干扰,这些信息是影响获取羊肉理化成分、结构等有效光谱信息的主要因素。可通过 1^{st}der 或 MSC 光谱预处理,较大地改善模型预测能力,这与 Chan 等、Liao 等[242-243]的研究结果相似。

3.4　本章小结

为实现对羊肉新鲜度快速、无损检测,采集不同储藏天数羊肉样本的可见近红外光谱,比较了多元散射校正、标准正态变量校正、S-G 卷积平滑和一阶微分等光谱预处理方法对羊肉新鲜度 PLSR 预测模型的影响,并根据 R_c、R_p 和 RMSEC、RMSEP 4 个性能评价指标对新鲜度关键指标预测模型进行精度验证。研究结果表明,1^{st}der 预处理后光谱建立 pH 值模型预测精度最高,MSC 预处理后光谱建立的 L^*、TVB-N 和 TVC 模型预测效果最佳,基于上述研究,本章确立了基于全谱段可见近红外光谱信息羊肉新鲜度预测方法。

第 **4** 章

基于特征光谱信息的羊肉新鲜度关键指标预测与分类模型研究

4.1 引 言

高光谱数据存在信息量大、波段多等特点,全谱段光谱信息来源较为全面,但波段信息重叠带来的繁杂冗余数据会降低模型精度及计算效率。光谱信息中存在较多噪声且相邻波段信息相关性较高,将这些无用的信息变量引入模型中会降低模型预测精度。对光谱输入变量进行适当预处理可以弱化噪声影响,一定程度上提高模型预测精度,但是光谱预处理方法不能直接排除不相关或非线性变量。本书第 3 章研究了不同预处理方法对羊肉关键新鲜度指标 PLSR 预测模型的影响,并分析了经最优光谱预处理方法处理之后模型的预测性能,结果表明,各新鲜度指标最佳预测模型依然只能作定性或者近似定量计算,模型预测精度仍有待进一步提高。上述表明光谱预处理方法在模型精度的提高方面虽起到一定作用,但仍需探寻其他途径进一步提高模型预测性能。另外,庞大的光谱信息输入变量导致模型计算量大且收敛性差,降低了模型计算效率,在实际应用中不利于便携式检测设备的研制。

本章以第 3 章试验材料为研究对象,研究 L*、pH 值、TVB-N 含量和 TVC 4 个关键新鲜度指标特征变量选择方法,剔除无效光谱信息,并寻找对关键指标表征力较强的光谱特征。采用有效光特征变量建立关键新鲜度指标预测模型,进一步提高模型预测性能。另外,TVB-N 作为国家现行肉品安全标准中的主要理化检测指标,尽管该指标与肉品内外部特征信息具有高度相关性,但其无法涵盖全部肉品特征变化信息,利用单一指标对肉品新鲜度的检测仍有局限。如何充分利用有机多源信息,相互融合,取长补短,一定程度上提高肉品新鲜度检测的全面性和可靠性,仍值得进一步研究。本章拟研究关键指标光谱特征提取方法,优选并融合关键光谱特征建立羊肉新鲜度分类模型,多层次、多参数地开展羊肉新鲜度快速判别方法研究,旨在为新鲜度快速检测装置的研制提供理论依据。

4.2　特征波长优选方法研究

为实现羊肉新鲜度快速、准确的检测,应建立稳定、高效的羊肉新鲜度预测模型。全波段信息来源较为全面,但波段信息重叠带来的繁杂冗余数据可能导致模型预测精度降低,且不便于高光谱测量平台移植。本书采用 CC 分析法、SPA 法、CARS法优选特征波长,仅采用部分有效光谱信息建立预测模型,不仅能够简化模型,还可以排除不相关或非线性变量,得到预测能力更强、稳健性更好的校正模型。

4.2.1　SPA 法

连续投影算法(SPA 法)是一种前向特征变量循环选择算法。SPA 法的基本原理是任意选择一个变量,计算它在未被选入变量上的投影,将最大投影变量放入变量组合中,如此循环,直至最后一个变量计算完成。SPA 法从光谱信息中寻找冗余信息最少的变量组,最大限度地减少信息重叠,有效地消除各波长变量间共线性影响,从而降低模型复杂度。SPA 法实现过程如下:

①任选一列向量 x_j,记为 $x_{k(0)}$,即

$$x_{k(0)} = j, j \in 1, 2, \cdots, m; \tag{4.1}$$

②将未被选入的列向量置于集合 S,即

$$s = \{j,1 \leq j \leq m, j \notin \{k(0), \cdots, k(p-1)\}\};\qquad(4.2)$$

③分别计算 x_j 对剩余列向量的投影,即

$$p_{x_j} = x_j - [x_j^{\mathrm{T}} x_{k(p-1)}] x_{k(p-1)} [x_{k(p-1)}^{\mathrm{T}} x_{k(p-1)}]^{-1}, j \in s;\qquad(4.3)$$

④提取最大投影值的波长变量序号,即

$$k(p) = \arg[\max(\|Px_j\|)], j \in s;\qquad(4.4)$$

同时,令

$$x_j = Px_j, j \in s;\qquad(4.5)$$

⑤令 $p = p+1$,如果 $p < h$,则跳到第②步循环计算,选取的波长变量为 $\{x(p)$, $p = 0, \cdots, h-1\}$。

4.2.2　CARS 法

竞争自适应重加权法(CARS 法)是 2009 年由 Li 等[244]提出的一种特征变量选择算法。算法依据达尔文进化论中"适者生存"原则选择光谱特征。将每个光谱特征当作一个"生物个体",选择"生物个体"贡献率大的变量个体,并逐步淘汰适应性弱的变量个体,最后依据 PLSR 模型交互验证均方根误差(RMSECV)最小原则确定最优光谱特征组合。光谱特征选择思路如下:

①采用 Monte Carlo 法从全部样本中随机抽取一定比例样本作为校正集建立 PLS 模型。

②计算某波长下光谱信息在 PLS 模型中的回归系数 R_i,并计算该波长光谱信息权重 W_i,即

$$W_i = \frac{|R_i|}{\sum\limits_{i=1}^{n} |R_i|}, i = 1, 2, \cdots, n\qquad(4.6)$$

式中:n 为波长点数;R_i 为第 i 个波长下光谱信息对应的回归系数。

③采用指数衰减函数(EDP)去除贡献率较小的光谱变量,设样本数据矩阵为 $\boldsymbol{X}_{m \times n}$,其中 m 为样本个数,n 为光谱维度,则样本输出矩阵 $\boldsymbol{Y}_{m \times 1}$ 的表达式为

$$\boldsymbol{Y} = \boldsymbol{X}\boldsymbol{b} + e\qquad(4.7)$$

式中:$\boldsymbol{b}$ 为 n 维系数矩阵。

④通过 N 次自适应重加权采样优选出模型中权重最大的光谱变量,将 N 次优选变量组合成新样本集并建立 PLS 模型,并依据 RMSECV 最小原则对模型进行评价,进而确定最优光谱特征变量组合。

4.3 建模方法研究

4.3.1 SVM 网络预测模型

支持向量机(SVM)算法是通过非线性变换将样本映射到高维特征空间,SVM 网络模型的核函数可以有效解决样本维度和计算复杂度之间的矛盾,接受两个低维空间中的输入向量,计算出经过某种变换后两者在高维空间中的向量内积值,一般可表示为

$$K(x_i, x_j) = \varphi(x_i)^{\mathrm{T}} \cdot \varphi(x_j) \tag{4.8}$$

式中:K 为核函数;x_i、x_j 为两个低维空间列向量;φ 为向高维空间映射的函数。

常用的核函数如下:

(1)线性核函数

$$K(x_i, x_j) = x_i^{\mathrm{T}} \cdot x_j \tag{4.9}$$

(2)多项式核函数

$$K(x_i, x_j) = \gamma x_i^{\mathrm{T}} \cdot x_j + r, \gamma > 0 \tag{4.10}$$

(3)RBF(Radial basis function)核函数

$$K(x_i, x_j) = \exp(-\gamma \parallel x_i - x_j \parallel^2), \gamma > 0 \tag{4.11}$$

（4）Sigmoid 核函数

$$K(x_i, x_j) = \tanh(\gamma x_i^{\mathrm{T}} \cdot x_j + r), \gamma > 0 \tag{4.12}$$

式中：d、γ 和 r 为核参数。

鉴于线性核函数是 RBF 核函数的一个特例，多项式和 Sigmoid 核函数的参数较多。另外，RBF 核函数适合进行非线性映射且计算困难较小，具有预测精度高、稳定性好等特点[245]，本书采用 RBF 函数进行支持向量运算。首先将惩罚参数 c、核参数 g 分别取以 2 为底的指数离散值，进行 K 折交叉验证，选取使 K 个模型的平均验证均方误差最小的 c、g 组合作为 RBF 核函数的参数 $\gamma(c、g)$；其次，利用 Libsvm 工具箱构建 SVM 预测模型，以平均验证均方根误差最小原则，利用"粗略"结合"精细"网格搜索方法对 RBF 核函数的参数 $\gamma(c、g)$ 进行寻优；最后，分别将 SPA 法、CARS 法选择的 14 个光谱特征变量作为 SVM 模型输入量，再将参数 γ 代入训练函数 svmtrain 进行模型训练，采用 svmpredict 函数输出预测值。

4.3.2　CART 分类模型

决策树[246]是数据挖掘中一种常用的分类方法，由根节点、内部节点、分支及叶节点组成。根节点表示一个待分类数据类别或属性，每个叶节点代表一种分类结果。整个决策过程从根节点开始，从上到下，根据最优划分属性选择结果将实例划分至相应节点，依次判断，直至实例被划分至叶节点而给出分类结果。CART 算法为一种非参数数据分类与回归方法，生成的决策树是结构简洁的二叉树形式。由于解释性强且分类效率高，该算法在通信运营商客户预测、多光谱影像分类、空气质量评价和交通拥堵检测[247-249]等方面有较好的应用效果。利用 CART 算法进行数据分类时，首先递归划分自变量区域，并在这些区域上确定预测的概率分布情况。划分区域标准是 CART 算法的核心，本书通过 Gini 指数选择最优解释变量决定最佳二分值的切分点。

在分类问题中，假设样本数据分为 K 类，样本点属于第 k 类的概率为 p_k，则概率分布的 Gini 指数定义为

$$\mathrm{Gini}(p) = 1 - \sum_{k=1}^{K} p_k^2 \tag{4.13}$$

对二分类问题，若样本点属于第 1 个类的概率是 p，则概率分布的 Gini 指数为

$$\text{Gini}(p) = 2p(1 - p) \tag{4.14}$$

给定样本集合 D 的 Gini 系数为

$$\text{Gini}(D) = 1 - \sum_{k=1}^{K} \left(\frac{|C_k|}{D} \right)^2 \tag{4.15}$$

若给定分裂属性 A,其某个取值将数据集 D 分割为 D_1 和 D_2 两个部分,D_1 和 D_2 分别为

$$D_1 = \{(x,y) \in D \mid A(x) = \alpha\}, D_2 = 1 - D_1 \tag{4.16}$$

则分裂属性 A 的 Gini 指数表达式为

$$\text{Gini}(D,A) = \frac{|D_1|}{|D|}\text{Gini}(D_1) + \frac{|D_2|}{|D|}\text{Gini}(D_2) \tag{4.17}$$

式中:K 为数据集 D 的类别数;$|C_k|$ 为属于第 k 个类别样本数量;$|D|$ 为数据集 D 样本总量。

Gini 指数反映数据集中的纯度,其值越小说明分类纯度越高。CART 算法取 Gini 指数值最小解释变量作出划分,用准确率来判断模型辨识度。

CART 算法分类模型构建步骤如下:

①设节点校正集为 D,对分裂属性 A 任意可能取值 a,根据样本点对 $A = a$ 的分类为"是"或"否",将集合 D 分割为 D_1 和 D_2 两个部分,并计算现有解释变量 Gini 指数值。

②在所有可能的分裂属性 A 中,选择 Gini 值最小的属性作为最优特征,对应切分点 a 确定为最佳切分位置。

③依据最优特征变量和最佳切分点,从现结点生成两个子结点,将集合 D 的数据分配到两个子结点中。

④对两个子结点递归地调用①—③,直到其满足停止条件。

⑤生成 CART 模型。

4.4　模型的评价标准

在本书中,利用相关系数 r、决定系数(R^2)、均方根误差(RMSE)来综合评判羊肉新鲜度模型的预测精度与准确度。

(1)相关系数 r

利用相关系数 r 可以描述两组变量之间的相关程度,计算公式为

$$r = \frac{\sum\limits_{i=1}^{n}(x_i - \overline{x})(y_i - \overline{y})}{\sqrt{\sum\limits_{i=1}^{n}(x_i - \overline{x})^2 \cdot \sum\limits_{i=1}^{n}(y_i - \overline{y})^2}}, (-1 \leqslant r \leqslant 1) \qquad (4.18)$$

式中:x、y 表示两组变量;$\overline{x}$ 和 $\overline{y}$ 表示变量 x 和 y 的平均值;n 为样本个数。

(2)均方根误差 RMSE

均方根误差 RMSE 表征样本预测值与实测值之间的偏差程度,计算公式为

$$\mathrm{RMSE} = \sqrt{\sum\limits_{i=1}^{n}\frac{(y_i - \hat{y}_i)^2}{n}} \qquad (4.19)$$

式中:y_i 为样本实测值;$\hat{y}_i$ 为样本预测值;n 为样本个数。

(3)决定系数 R^2

决定系数 R^2 表征自变量对因变量的解释程度及模型拟合效果,计算公式为

$$R^2 = \frac{\sum\limits_{i=1}^{n}(\hat{y}_i - \overline{y})^2}{\sum\limits_{i=1}^{n}(y_i - \overline{y})^2}, (0 \leqslant R^2 \leqslant 1) \qquad (4.20)$$

式中:y_i 为样本实测值;$\hat{y}_i$ 为样本预测值;$\overline{y}$ 为样本实测值平均值;n 为样本个数。

4.5　L* 值光谱特征波长优选与预测模型建立

以 MSC 预处理后样本高光谱作为研究对象,应用 SPA 法和 CARS 法特征波长选择模型提取表征 L* 值的特征波长,并通过分析 RMSECV 的变化筛选 L* 参数的特征光谱信息。

4.5.1　特征波长优选

(1)基于 SPA 法的特征波长选择与分析

设定特征波长个数范围为 3～25,步长为 1,根据图 4.1 所示结果,随着特征波长数目的增加,RMSECV 迅速减小,当计算波长数为 5 时,RMSECV 开始缓慢变化,波长点数增加至 13 时,RMSECV 取得最小值 1.96。为降低模型复杂度,依据 RMSECV 最小原则选择如图 4.1(b)所示的 464、483、554、569、595、604、657、757、764、838、915、963 和 982 nm 共 13 个特征波长。

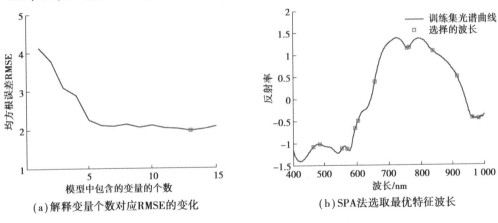

(a)解释变量个数对应 RMSE 的变化　　　(b)SPA 法选取最优特征波长

图 4.1　SPA 法选取特征波长过程

(2)基于 CARS 法的特征波长选择与分析

采用 CARS 法选择特征波长时,设定采样次数为 50,CARS 法变量寻优的过程如图 4.2(a)所示,由选择的有效特征变量个数,交互验证均方根误差 RMSRCV 随采样次数的变化曲线可知,在 CARS 法采样初期,保留的特征波长个数随着采样次数的增加而迅速减小,模型利用指数衰减函数 EDP 通过排除 CARS-PLS 预测模型中回归系数较小的波长点进行特征波长"粗选",采样运行至第 10 次时,曲线下降速度趋于平缓,算法根据 RMSECV 进行特征波长"精选"。RMSECV 值随采样次数呈先减后增的趋势,采样初期,算法先剔除与肉品新鲜度无关变量,RMSECV 值逐渐下降,当在采样运行至 36 次时,获得 RMSECV 最小值 1.32,此时保留了 14 个回归系数绝对值较大的变量。第 38 次采样后,算法开始消除与样本预测信息相关的有用信息变量,RMSECV 值开始增加。CARS 法筛选的变量结果如图 4.2(b)所示,14 个特征波长主要分布在 436、464、483、530、550、563、660、678、785、835、857、872、915 和 987 nm 处。

综合分析 SPA 法和 CARS 法选择的特征波长发现,亮度 L^* 的光谱特征波长点主要分布在 430 ~ 483 nm、530 ~ 595 nm、604 ~ 678 nm、757 ~ 785 nm、835 ~ 872 nm、915 ~ 987 nm,其中 550、560 和 595 nm 附近为脱氧肌红蛋白、脱氧肌红蛋白和氧合血红蛋白的吸收峰,而 660 nm 附近为胺类物质吸收峰,760 nm 附近为脱氧肌红蛋白、氧合血红蛋白及水分的吸收峰。可见两种方法都能够筛选出与羊肉 L^* 值变化有关的蛋白、水和胺类等物质所对应的光谱信息。

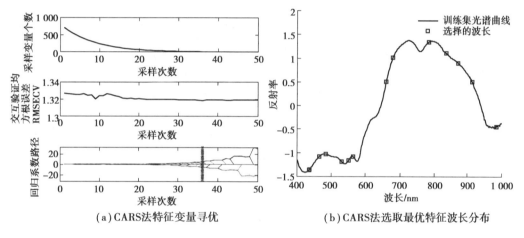

(a)CARS法特征变量寻优　　　　(b)CARS法选取最优特征波长分布

图 4.2　CARS 法选取特征波长

4.5.2　预测模型建立与精度验证

分别将 SPA 法选择的 13 个光谱特征变量和 CARS 法选择的 14 个光谱特征变量,建立羊肉亮度 L^* 值的 SPA-PLSR、CARS-PLSR、SPA-SVM、CARS-SVM 预测模型,并根据校正集、预测集实测值与预测值的决定系数 R_c^2、R_p^2 和均方根误差 RMSEC、RMSEP 对各预测模型进行精度验证。

SPA-SVM 预测模型的 RBF 核函数参数 c、g 寻优过程如下:设惩罚参数 c 和核参数 g 的步长均为 0.5,$c \in \{2^{-10}, 2^{-9.5}, \cdots, 2^{10}\}$,$g \in \{2^{-10}, 2^{-9.5}, \cdots, 2^{10}\}$,$K = 6$,进行粗略网格搜索,寻优结果如图 4.3(a)所示,初步确定 $c = 1$,$g = 0.001 38$,对应最小均

方误差 MSE 为 0.235 5。可知,最佳 c 值在网格坐标($-2,2$),g 值的网格坐标范围可设定为($-10,-8$)。细化指数离散步长进行精细网格搜索,设 c 和 g 的步长均为 0.1,$c \in \{2^{-2}, 2^{-1.9}, \cdots, 2^{2}\}$,$g \in \{2^{-10}, 2^{-9.9}, \cdots, 2^{-8}\}$,寻优结果如图 4.3(b)所示,最终确定 $c = 0.812\ 3$,$g = 0.001\ 7$,对应最小均方误差 MSE 为 0.1453。同样的方法确定 CARS-SVM 预测模型的 RBF 核函数参数,$c = 0.134\ 0$,$g = 0.094\ 7$,对应最小均方误差 MSE 为 0.121 7。

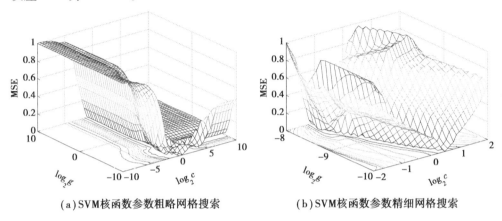

(a)SVM核函数参数粗略网格搜索　　　　　(b)SVM核函数参数精细网格搜索

图 4.3　SVM 核函数参数寻优

L* 预测模型的精度验证结果见表 4.1,SPA-PLSR 和 CARS-PLSR 两个模型的拟合精度较低,校正集决定系数 R_c^2 分别为 0.80 和 0.81,预测集决定系数 R_p^2 分别为 0.79 和 0.80。SPA-SVM 模型较上述两个模型的性能指标有明显改善,其 R_c^2 和 R_p^2 分别为 0.82 和 0.80,CARS-SVM 模型预测效果最好,校正集 R_c^2 和均方根误差 RM-SEC 分别为 0.81 和 1.73,预测集 R_p^2 和均方根误差 RMSEP 分别为 0.80 和 1.82,相较其他 3 个模型在准确度(R^2)和精确度(RMSE)方面均有显著提高。表明 CARS 法特征提取算法结合 SVM 网络预测模型可以有效提高羊肉 L* 模型的预测精度及准确度。

表 4.1　不同特征变量和算法结合 L* 模型的检验结果

L* 值模型	波段维数	校正集		预测集	
		R_c^2	RMSE	R_p^2	RMSE
SPA-PLSR	13	0.80	1.84	0.79	2.03
SPA-SVM		0.82	1.71	0.80	1.91

L* 值模型	波段维数	校正集		预测集	
		R_c^2	RMSE	R_p^2	RMSE
CARS-PLSR	14	0.81	1.73	0.80	1.82
CARS-SVM		0.83	1.60	0.81	1.25

4.6　pH 值特征波长选择与预测模型建立

以一阶微分预处理后样本高光谱作为研究对象,应用 SPA 法和 CARS 法特征波长选择模型提取表征 pH 值的特征波长,并通过分析 RMSECV 变化筛选 pH 值参数的特征光谱信息。

4.6.1　特征波长优选

(1)基于 SPA 法的特征波长选择与分析

设定特征波长个数范围为 3~25,步长为 1,根据图 4.4(a)所示结果,随着特征波长数目的增加,RMSECV 整体呈减小趋势,当计算波长数为 10 时,RMSECV 取得最小值 0.58,之后曲线变化平缓,为降低模型计算复杂度,依据 RMSE 最小原则选择如图 4.4(b)所示的 424、455、550、595、667、768、835、859、933、985 nm 共 10 个特征波长。

(2)基于 CARS 法的特征波长选择与分析

采用 CARS 法选择特征波长时,设定采样次数为 50,CARS 法变量寻优过程如图 4.5(a)所示,由选择的有效特征变量个数,交互验证均方根误差 RMSRCV 随采样次数的变化曲线可知,在 CARS 法采样初期,保留的特征波长个数随着采样次数的增加而迅速减小,采样运行至第 15 次时,曲线下降速度区域平缓。整个采样周期内,RMSECV 值变化不太明显,当在采样运行至 32 次时,RMSECV 获得最小值 0.39,此时保留了 17 个回归系数绝对值较大的变量。第 49 次采样后,算法开始消除与样本预测信息相关的有用信息变量,RMSECV 值又逐渐变大。

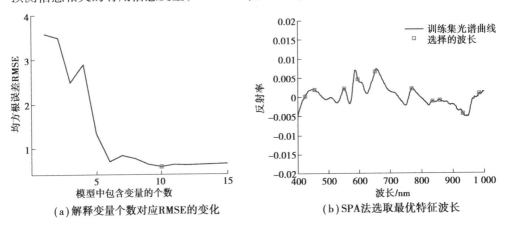

（a）解释变量个数对应 RMSE 的变化　　（b）SPA 法选取最优特征波长

图 4.4　SPA 法选取特征波长过程

CARS 法筛选的变量结果如图 4.5(b)所示,共筛选出 424、431、456、462、483、550、569、584、648、669、746、760、861、872、905、914、992 nm 共 17 个特征波长。

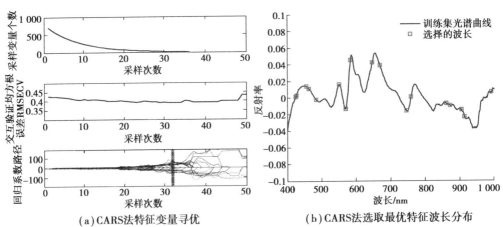

（a）CARS 法特征变量寻优　　（b）CARS 法选取最优特征波长分布

图 4.5　CARS 法选取特征波长

上述 SPA 法和 CARS 法选择的特征波长中,pH 值的光谱特征波长包括了大多数的光谱反射峰和吸收峰。420 nm 附近为脱氧肌红蛋白、氧合肌红蛋白和高铁肌红蛋白的吸收峰值,550 nm 和 596 nm 处为脱氧肌红蛋白和氧合血红蛋白的吸收峰,472 nm 附近为高铁肌红蛋白的吸收峰区,780 nm 处为肌红蛋白氧化导致的吸收峰及 985 nm 为水的二级倍频吸收峰。在 660 nm 附近区域光谱与羊肉胺类物质的 N—H 基团的三级倍频吸收有关,在 914 nm 附近与酸醇类物质的光谱吸收特性相关,985 nm 附近与蛋白质的 O—H 基团伸缩振动二级倍频有关。可见两种方法均筛选出了与羊肉 pH 值变化相关的蛋白、酸醇类及胺类等物质所对应的光谱信息。

4.6.2　预测模型建立与精度验证

分别将 SPA 法选择的 10 个光谱特征变量和 CARS 法选择的 17 个光谱特征变量,建立羊肉 pH 值的 SPA-PLSR、CARS-PLSR、SPA-SVM、CARS-SVM 预测模型。SPA-SVM 预测模型的 RBF 核函数参数 c、g 寻优过程如下:设惩罚参数 c 和核参数 g 的步长均为 0.5,$c \in \{2^{-10}, 2^{-9.5}, \cdots, 2^{10}\}$,$g \in \{2^{-10}, 2^{-9.5}, \cdots, 2^{10}\}$,$K = 8$,进行粗略网格搜索,寻优结果如图 4.6(a)所示,初步确定 $c = 0.353\ 6$,$g = 0.022\ 1$,对应最小均方误差 MSE 为 0.1371。可知,最佳 c 值在网格坐标$(-3, 0)$,g 值的网格坐标范围可设定为$(-7, -4)$。细化指数离散步长进行精细网格搜索,设 c 和 g 的步长均为 0.1,$c \in \{2^{-3}, 2^{-2.9}, \cdots, 2^{-0}\}$,$g \in \{2^{-7}, 2^{-6.9}, \cdots, 2^{-4}\}$,寻优结果如图 4.6(b)所示,最终确定 $c = 0.378\ 9$,$g = 0.022\ 1$,对应最小均方误差 MSE 为 $0.136\ 9$。同样的方法确定 CARS-SVM 预测模型的 RBF 核函数参数,$c = 0.189\ 5$,$g = 0.014\ 6$,对应最小均方误差 MSE 为 $0.118\ 2$。

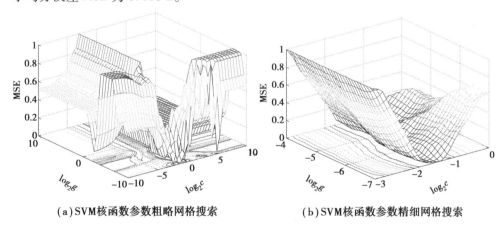

(a)SVM核函数参数粗略网格搜索　　(b)SVM核函数参数精细网格搜索

图 4.6　SVM 核函数参数寻优

pH 值预测模型的精度验证结果见表 4.2,分析 pH 值的 4 个预测模型性能发现,所有模型的预测精度均相对偏低,表明可见近红外光谱对羊肉 pH 值的表征力较弱。所有模型中,SPA-SVM 模型的预测效果稍优于其他 3 个模型,其校正集 R_c^2 和 RMSEC 分别为 0.74 和 0.10,预测集 R_p^2 和 RMSEP 分别为 0.73 和 0.15。SPA-PLSR 和 CARS-PLSR 模型的预测精度都比较低,分析认为,PLSR 属线性模型,在模拟和处理非线性关系时存在精度低且鲁棒性差等缺陷,肉品在腐败变质过程中,其 pH 值变化情况较为复杂,且具有明显的时空分异和非线性特征,传统模型在演绎羊肉 pH 值与其光谱信息的内在非线性关系方面存在一定难度。

表 4.2 不同特征变量和算法结合 pH 模型的检验结果

pH 值模型	波段维数	校正集		预测集	
		R_c^2	RMSE	R_p^2	RMSE
SPA-PLSR	10	0.70	0.43	0.68	0.67
SPA-SVM		0.74	0.10	0.73	0.15
CARS-PLSR	17	0.69	0.56	0.68	0.71
CARS-SVM		0.72	0.21	0.71	0.32

4.7 TVB-N 特征波长选择与预测模型建立

4.7.1 特征波长优选

MSC 预处理后的样本高光谱作为研究对象,应用 SPA 法和 CARS 法特征波长选择模型提取表征 TVB-N 含量的特征波长,并通过分析交叉验证均方根误差 RM-SECV 变化筛选 TVB-N 参数的特征光谱信息。

(1)基于 SPA 法的特征波长选择与分析

设定特征波长个数范围为 3~25,步长为 1,根据图 4.7(a)所示结果,随着特征波长数目的增加,RMSE 逐渐减小,当计算波长数为 12 时,RMSE 取得最小值 3.96,之后曲线变化平缓,考虑较多的输入量会增加模型的复杂度,依据 RMSE 最小原则选择如图 4.7(b)所示的 421、485、516、527、550、590、637、649、770、789、848 和 976 nm 共 12 个特征波长。

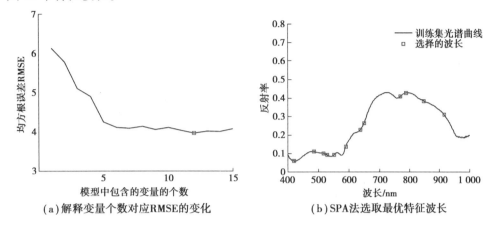

(a)解释变量个数对应 RMSE 的变化　　　　(b)SPA 法选取最优特征波长

图 4.7　SPA 法选取特征波长过程

(2)基于 CARS 法的特征波长选择与分析

采用 CARS 法选择特征波长时,设定采样次数为 50,CARS 法变量寻优的过程如图 4.8(a)所示,由选择的有效特征变量个数,RMSRCV 随采样次数的变化曲线可知,在 CARS 法采样初期,保留的特征波长个数随着采样次数的增加而迅速减小,采样运行至第 10 次时,曲线下降速度区域平缓。RMSECV 值随采样次数的增加而缓慢减小,当在采样运行至 37 次时,RMSECV 获得最小值 1.19,此时保留了 15 个回归系数绝对值较大的变量。第 46 次采样后,算法开始消除与样本预测信息相关的有用信息变量,RMSECV 值开始增加。

CARS 法筛选的变量结果如图 4.8(b)所示,特征波长主要分布在 415、421、456、462、483、550、569、584、648、669、746、770、861、976 和 992 nm 波长附近,特征波长点数由原来全波段的 234 个减少至 15 个。

上述 SPA 法和 CARS 法选择的特征波长中,TVB-N 的光谱特征波长点主要分布在 420、450 ~ 485、550 ~ 584、637 ~ 669、746 ~ 790、848 ~ 861、976 ~ 992 nm 的波长,包括了大多数的光谱反射峰和吸收峰,其中包括了 420 nm、550 nm 两处肌红蛋白吸收峰,760 nm 附近为血红蛋白质以及肌红蛋白质的吸收峰,660 nm 附近的胺类物质吸收峰及 980nm 左右为水吸收峰。可见两种方法均筛选出了与羊肉 TVB-N 相关的水分、胺类等物质所对应的光谱信息。

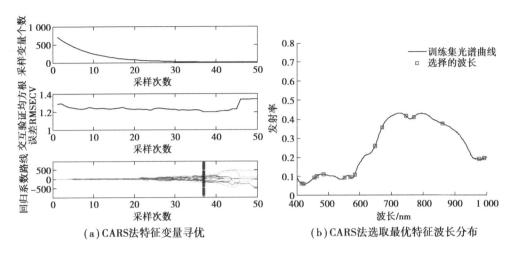

（a）CARS法特征变量寻优   （b）CARS法选取最优特征波长分布

图4.8　CARS法选取特征波长

4.7.2　预测模型建立与精度验证

分别将 SPA 法选择的 12 个光谱特征变量和 CARS 法选择的 15 个光谱特征变量，建立羊肉 pH 值的 SPA-PLSR、CARS-PLSR、SPA-SVM、CARS-SVM 预测模型。SPA-SVM 预测模型的 RBF 核函数参数 c、g 寻优过程如下：设惩罚参数 c 和核参数 g 的步长均为 0.5，$c \in \{2^{-10}, 2^{-9.5}, \cdots, 2^{10}\}$，$g \in \{2^{-10}, 2^{-9.5}, \cdots, 2^{10}\}$，$K = 8$，进行粗略网格搜索，寻优结果如图4.9（a）所示，初步确定 $c = 22.627\ 4$，$g = 0.000\ 976$，对应最小均方误差 MSE 为 0.306。可知，最佳 c 值在网格坐标（3，6），g 值的网格坐标范围可设定为（−8，−10）。细化指数离散步长进行精细网格搜索，设 c 和 g 的步长均为 0.1，$c \in \{2^3, 2^{3.1}, \cdots, 2^6\}$，$g \in \{2^{-10}, 2^{-9.9}, \cdots, 2^{-8}\}$，寻优结果如图4.9（b）所示，最终确定 $c = 24.151\ 5$，$g = 0.000\ 976$，对应最小均方误差 MSE 为 0.182 3。同样的方法确定 CARS-SVM 预测模型的 RBF 核函数参数，$c = 6.964\ 4$，$g = 0.233\ 3$，对应最小均方误差 MSE 为 0.146 3。

TVB-N 预测模型的精度验证结果见表4.3，4 个 TVB-N 模型都获得较好的预测效果，也间接表明了可见近红外光谱与羊肉新鲜度主要指标 TVB-N 之间存在高度相关关系。所有模型中，CARS-SVM、CARS-PLSR 两个模型的预测精度高于其他两个模型，其校正集 R_c^2 分别为 0.85 和 0.84，RMSEC 分别为 2.88 和 3.78；预测集 R_p^2 分别为 0.84 和 0.83，RMSEP 分别为 3.46 和 3.81。分析认为，CARS 法特征算法选择的特征波长包含了大量有效特征光谱信息,这些信息代表了羊肉中相关的水分、胺类等物质所对应的光谱信息,利用 CARS 法提取的光谱信息对羊肉新鲜度有较强的表征力。另外,CARS-SVM 模型的预测精度最高,表明 CARS 法特征提取算法结合 SVM 网络模型可以有效提高 TVB-N 模型的预测精度及准确度。

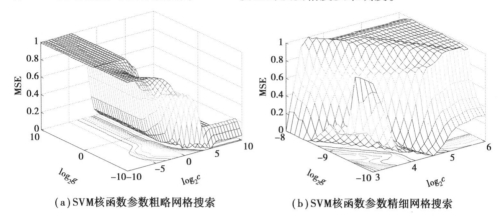

(a) SVM核函数参数粗略网格搜索　　　　(b) SVM核函数参数精细网格搜索

图 4.9　SVM 核函数参数寻优

表 4.3　不同特征变量和算法结合 TVB-N 模型的检验结果

TVB-N 模型	波段维数	校正集			
		R_c^2	RMSE	l	
SPA-PLSR	12	0.80	4.25	0	
SPA-SVM		0.82	3.92	0	
CARS-PLSR	15	0.84	3.78	0.83	3.81
CARS-SVM		0.85	2.88	0.84	3.46

4.8　TVC 值特征波长选择与预测模型建立

4.8.1　特征波长优选

MSC 预处理后的样本高光谱作为研究对象,应用 SPA 法和 CARS 法特征波长选择模型提取表征 TVC 的特征波长,并通过分析 RMSECV 的变化筛选 TVC 的特征光谱信息。

(1)基于 SPA 法的特征波长选择与分析

设定特征波长个数范围为 3 ~ 25,步长为 1,根据图 4.10(a)所示结果,随着特征波长数目的增加,RMSE 逐渐减小。当计算波长数为 15 时,RMSE 取得最小值 0.89,之后曲线变化平缓,考虑较多的输入量会增加模型的复杂度,依据 RMSE 最小原则选择如图 4.10(b)所示的 452、471、483、495、506、535、550、585、605、625、660、785、915、932 和 978 nm 共 15 个特征波长。

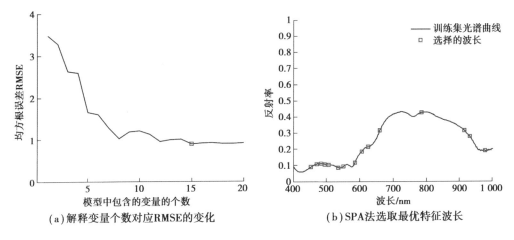

(a)解释变量个数对应 RMSE 的变化　　　　(b)SPA 法选取最优特征波长

图 4.10　SPA 法选取特征波长过程

(2)基于 CARS 法的特征波长选择与分析

采用 CARS 法选择特征波长时,设定采样次数为 50,CARS 法变量寻优的过程如图 4.11(a)所示,由选择的有效特征变量个数,交互验证均方根误差 RMSRCV 随采样次数的变化曲线可知,在 CARS 法采样运行至第 15 次时,变量个数变化曲线趋于平缓,随着采样次数的增加,RMSECV 值也在缓慢减小,当在采样运行至 44 次时,RMSECV 获得最小值 0.75,此时保留了 22 个回归系数绝对值较大的变量。CARS 法筛选的变量结果如图 4.11(b)所示,特征波长主要分布在 422、424、428、455、481、493、532、545、550、561、564、593、603、635、760、778、806、832、860、880、976 和 985 nm 波长附近。

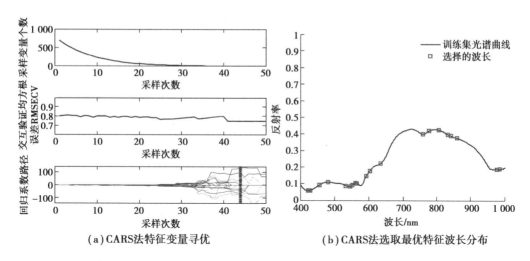

（a）CARS法特征变量寻优　　　　（b）CARS法选取最优特征波长分布

图 4.11　CARS 法选取特征波长

上述 SPA 法和 CARS 法选择的特征波长中,TVC 的光谱特征波长点主要分布在 420 ~ 430、455 ~ 495、500 ~ 564、585 ~ 635、660、760 ~ 785、806 ~ 860、932 ~ 985 nm,包括了大多数的光谱反射峰和吸收峰。其中有 420 nm 脱氧肌红蛋白、氧合肌红蛋白和高铁肌红蛋白的吸收峰,455 nm 附近的羊肉中高铁肌红蛋白的吸收峰,550 nm 和 596nm 附近的脱氧肌红蛋白和氧合血红蛋白的吸收峰,660 nm 附近的胺类物质吸收峰,860 nm 附近为中心的吸收峰为氨中 N—H 键倍频吸收峰,760 nm 附近为血红蛋白质以及肌红蛋白质的吸收峰及 980 nm 左右的水分吸收峰。可见两种方法均筛选出了与羊肉化学成分相关的水分、胺类等物质所对应的光谱信息。

4.8.2　预测模型建立与精度验证

分别将 SPA 法选择的 15 个光谱特征变量和 CARS 法选择的 22 个光谱特征变量,建立羊肉 pH 值的 SPA-PLSR、CARS-PLSR、SPA-SVM、CARS-SVM 预测模型,并根据校正集、预测集实测值与预测值的决定系数 R_c^2、R_p^2 和均方根误差 RMSEC、RMSEP 对各预测模型进行精度验证。

SPA-SVM 预测模型的 RBF 核函数参数 c、g 寻优过程如下:设惩罚参数 c 和核参数 g 的步长均为 0.5,$c \in \{2^{-10}, 2^{-9.5}, \cdots, 2^{10}\}$,$g \in \{2^{-10}, 2^{-9.5}, \cdots, 2^{10}\}$,$K = 8$,进行粗略网格搜索,寻优结果如图 4.12(a)所示,初步确定 $c = 2$,$g = 0.062\ 5$,对应最小均方误差 MSE 为 0.350 8。可知,最佳 c 值在网格坐标(−1,2),g 值的网格坐标范围

可设定为($-6,2$)。细化指数离散步长进行精细网格搜索,设 c 和 g 的步长均为 0.1,$c \in \{2^{-1},2^{-0.9},\cdots,2^2\}$,$g \in \{2^{-6},2^{-5.9},\cdots,2^2\}$,寻优结果如图 4.12(b)所示,最终确定 $c = 1.624\ 5$,$g = 0.058\ 3$,对应最小均方误差 MSE 为 0.350 6。同样的方法确定 CARS-SVM 预测模型的 RBF 核函数参数,$c = 5.278\ 0$,$g = 0.435\ 3$,对应最小均方误差 MSE 为 0.120 6。

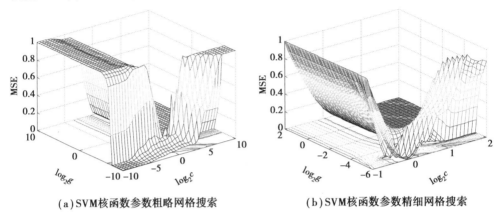

(a)SVM核函数参数粗略网格搜索　　(b)SVM核函数参数精细网格搜索

图 4.12　SVM 核函数参数寻优

TVC 预测模型的精度验证结果见表 4.4,对 4 个模型的预测结果进行分析,SPA-SVM、CARS-SVM 两个模型均取得较高的预测精度,其校正集 R_c^2 分别为 0.80 和 0.81,RMSEC 分别为 0.87 和 0.79;预测集 R_p^2 分别为 0.79 和 0.80,RMSEP 分别为 0.93 和 0.81。分析认为,SPA 法和 CARS 法选择的光谱特征信息与 TVC 存在较高的相关性,且 TVC 为大量纲参数,通过对 RBF 核函数惩罚参数 c 和核参数 g 的网络搜索后建立的 SVM 网络结构更加稳定。

表 4.4　不同特征变量和算法结合 TVC 模型的检验结果

TVC 模型	波段维数	校正集		预测集	
		R_c^2	RMSE	R_p^2	RMSE
SPA-PLSR	15	0.78	0.98	0.76	1.26
SPA-SVM		0.80	0.87	0.79	0.93
CARS-PLSR	22	0.79	0.91	0.77	1.12
CARS-SVM		0.81	0.79	0.80	0.81

4.9　关键新鲜度指标预测模型分析

羊肉在腐败变质过程中,L^*、pH 值、TVB-N 和 TVC 等指标均呈现出一系列变化,这些变化在羊肉可见近红外光谱曲线上得以体现,通过 SPA 法、CARS 法等特征波长选择算法可以优选出与各指标相关的特征光谱谱区。肉品腐败过程复杂,羊肉含水率高且纤维细密,光在肉品组织内传输时产生的光吸收和光散射会损失部分光信息,使得光谱相机捕获漫反射信号携带的调制光信息并不详细。常规 PLSR 等线性模型简单且易识别,但难以演绎光和肉品组织的相互作用机理,模型分析精度有待进一步提升。

本书采用 SVM 网络模型结构建立羊肉新鲜度指标预测模型,并利用粗略结合精细网格搜索方法对 SVM 模型的 RBF 核函数进行参数寻优,以建立最佳新鲜度预测模型。根据 4.5—4.8 节研究结果,羊肉关键新鲜度指标最优预测模型见表 4.5,各指标最佳预测模型的精度检验结果如图 4.13 所示。

表 4.5　各新鲜度指标最佳预测模型

新鲜度指标	模　　型	波段维数	校正集		预测集	
			R_c^2	RMSE	R_p^2	RMSE
L^*	CARS-SVM	14	0.83	1.60	0.81	1.25
pH 值	SPA-SVM	10	0.74	0.10	0.73	0.15
TVB-N	CARS-SVM	15	0.85	2.88	0.84	3.46
TVC	CARS-SVM	22	0.81	0.79	0.80	0.81

分析表 4.5 及图 4.13 可知,利用可见近红外光谱定量检测羊肉在腐败过程中 L^*、pH 值、TVB-N 及 TVC 等指标均取得了较好的定量检测效果,且 SVM 模型对各指标的检测性能均优于 PLSR 模型。除 pH 值模型预测能力($R_p^2 = 0.73$)较低外,其他 3 个指标的预测效果都较为理想(R_p^2 均超过 0.80),且由新鲜度指标实测值与预测值分布情况可知,各指标模型拟合效果较好,且散点分布相对贴近 1:1 线。

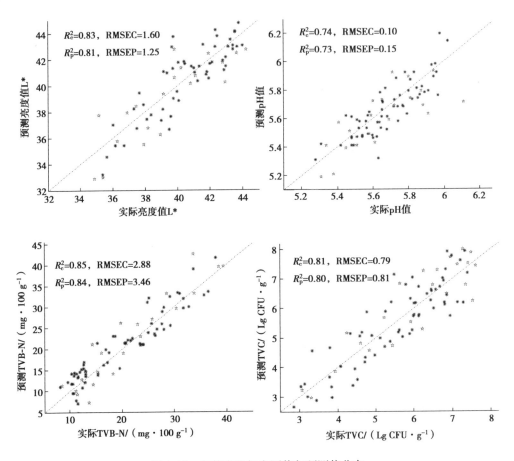

图 4.13 新鲜度指标实测值与预测值分布

另外,相比全波段建模结果,采用 CARS 法和 SPA 法对优选光谱特征变量在不同程度上均提高了模型预测能力。CARS 法不仅减少了光谱变量个数,而且最大限度地保留了与新鲜度指标相关的关键特征光谱信息,不仅降低模型复杂度,还提高了模型运算速度。CARS 法优选出 L*、TVB-N 及 TVC 3 个指标应特征变量个数分别为 14、15 和 22 个,SPA 法则为 pH 值预测最佳特征波长选择方法,优选出波长数为 10 个。

4.10 多源特征信息融合 CART 分类模型的建立与分析

上述研究中,4 个新鲜度指标共优选出 61 个光谱特征变量,去除各指标中重合的光谱特征变量,共得到52个光谱特征变量。为比较单一光谱特征信息和多特征信息对羊肉新鲜度分类效果,分别以表征TVB-N含量的15个光谱特征和4个关键新鲜度指标在特征层融合的52个光谱特征作为输入量,以羊肉新鲜度类别作为输出量,建立基于分类回归树(CART)算法的羊肉新鲜度判别模型,并分别对单一指标分类树模型(Single-CART)和复合指标分类树模型(Combination-CART)的预测效果进行验证。

首先将特征层次融合的52个特征变量作为CART模型的输入量,通过调整决策树的最大深度(MD)防止"小样本"数据过拟合,设定叶子节点包含的最小样本数为2,分裂所需最小样本数为1,缓慢提高MD值训练模型,并计算预测集评分数据。预测集准确率随决策树深度的变化关系如图4.14所示,当MD值为6时建立决策树获得最高分类精度,预测集分类得分为0.958 3。采用上述参数寻优方法,再以表征TVB-N含量的15个特征变量作为CART模型的输入量,MD参数值寻优结果表明,当MD值为5时建立的决策树获得最高的分类精度,预测集分类得分为0.833 3。

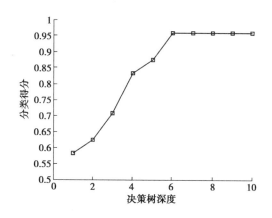

图4.14　分类得分随决策树深度变化关系

研究表明,Combination-CART和Single-CART模型校正集的平均分类准确率均为100%,Combination-CART和Single-CART预测集的测试分类结果如图4.15所示。对预测集的24个样本,Single-CART模型有4个样本被误判,其中第12个样本由新鲜被误判为次新鲜,第11个和第18个样本由次新鲜被误判为新鲜,第16个样本由变质被误判为次新鲜;Combination-CART模型有1个样本发生误判,其中,第11个样本由次新鲜被误判为新鲜,所有变质样本判别全部正确。综上所述,Single-CART

模型预测集平均分类准确率为 83.33%, Combination-CART 模型预测集平均分类准确率为 95.83%, 相比 Single-CART 模型, Combination-CART 模型平均分类准确率提高了 15.00%。

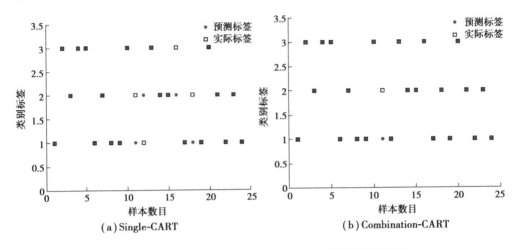

（a）Single-CART　　　　　　　　（b）Combination-CART

图 4.15　Single-CART 和 Combination-CART 模型测试分类图

Combination-CART 和 Single-CART 模型新鲜度分类统计结果见表 4.6, Single-CART 模型对预测集"新鲜""次新鲜""变质"3 个新鲜度级别样本识别率分别为 88.89%、75% 和 85.71%, Combination-CART 模型识别率分别为 100%、87.5% 和 100%。相比 Single-CART 模型, Combination-CART 模型对每个新鲜度级别识别率分别提高了 12.5%、16.67% 和 16.67%。上述研究表明, Combination-CART 模型分类更加准确且稳定性更好, 发生误判主要集中在相邻新鲜度等级之间, 造成类别误判的原因可能是相邻新鲜度样本 TVB-N 数值较为接近, 类间差异较小。分析认为, 羊肉新鲜度虽按照 TVB-N 测定值划分等级, 但羊肉肉色（L^*）、肉品酸碱度（pH 值）及菌落总数（TVC）等指标变化也是影响肉品新鲜度的重要因素, 将 TVB-N 和其他 3 个新鲜度指标的特征变量结合起来作为肉品新鲜度分级变量, 能更加全面地演绎羊肉腐败变化过程, 实现羊肉新鲜度的判别。另外, CART 法更加注重对光谱信息深层次分析和挖掘且针对性更强, 该算法不是用一个决策规则把多个类别一次分开, 而是综合每个子集里被评价为分类能力最好的属性变量进行逐级划分, 从而在一定程度上提高了模型的泛化能力, 较好地求解复杂的多输入、多分类问题。

表 4.6　模型分类结果统计

新鲜度类别	样本个数	正确识别个数		识别率/%	
		Single-CART	Combination-CART	Single-CART	Combination-CART
新鲜	9	8	9	88.89	100
次新鲜	8	6	7	75	87.5
变质	7	6	7	85.71	100

4.11　本章小结

　　为进一步提高羊肉新鲜度模型预测性能,本章采用 SPA 法、CARS 法优选 L^*、pH 值、TVB-N 含量和 TVC 4 个关键新鲜度指标特征变量,借助"粗略"结合"精细"的网格搜索方法对 SVM 模型的 RBF 核函数进行参数寻优,对比分析最优 SVM 预测网络模型与 PLSR 模型对羊肉新鲜度的预测效果,最终确立了各个关键新鲜度指标的最佳特征波长及预测模型。分别以表征 TVB-N 含量的 15 个光谱特征和 4 个关键新鲜度指标在特征层融合的 52 个特征变量作为 CART 分类模型的输入量,以羊肉新鲜度类别作为输出量,建立基于 CART 分类树的羊肉新鲜度判别模型,并分别对 Single-CART 模型和 Combination-CART 模型的预测精度进行验证。结果显示,Single-CART 和 Combination-CART 模型校正集平均分类准确率均为 100%,预测集平均分类准确率分别为 83.33% 和 95.83%。Single-CART 模型对预测集"新鲜""次新鲜""变质"3 个新鲜度级别样本识别率分别为 88.89%、75% 和 85.71%,Combination-CART 模型识别率分别为 100%、87.5% 和 100%。相比 Single-CART 模型,Combination-CART 模型对每个新鲜度级别识别率分别提高了 12.5%、16.67% 和 16.67%,表明 Combination-CART 模型分类结果更加准确且稳定性更好,融合特征信息模型能更加全面地演绎羊肉腐败变化过程,多层次、多角度实现羊肉新鲜度的准确判别。

第 **5** 章

基于高光谱成像技术的羊肉新鲜度特征
波长提取方法研究

5.1 引 言

TVB-N 含量与羊肉腐败程度之间存在显著的相关性,该理化指标有效表征了羊肉品质的优劣程度,成为我国国标规定的肉品新鲜度主要评价指标。鉴于 TVB-N 在表征肉品新鲜度方面的重要价值,在第 4 章利用 350 ~ 1 050 nm 可见近红外短波光谱进行羊肉新鲜度预测的基础上,本章拟采用近红外高光谱成像系统获取羊肉样本 935 ~ 2 539 nm 范围光学信息,拓宽羊肉新鲜度研究谱段,并以 TVB-N 为主要研究指标对羊肉新鲜度快速预测方法进行深入研究。

TVB-N 是蛋白质分解生成氨及胺类等含氮物质的总和,肉品近红外光谱与组织中分子的 C—H、O—H、N—H 等含氢基团倍频和合频吸收有关,不同基团在近红外谱区的吸收位置及吸收强度存在差异,基团数量、相邻基团性质、氢键等因素都会影响近红外谱峰位置和强度。通过谱峰分析优选与羊肉 TVB-N 含量相关的光谱特征变量,对肉品新鲜度的准确检测显得尤为必要。为提取表征羊肉 TVB-N 的最佳特征波段,本章提出基于改进型离散粒子群算法(MDBPSO)的特征波长优选方法,在粒子更新方式和惯性权重两个方面对传统离散粒子群算法(DBPSO)进行优化,并对比采用CC分析法、SPA法、CARS法和DBPSO法优选特征波长对羊肉PLSR模型预测精度的影响,研究基于近红外高光谱数据源的MDBPSO-PLSR模型在羊肉新鲜度预测方面的适用性。

5.2　试验材料与高光谱图像采集

5.2.1　试验材料

试验用羊肉样本为察哈尔羔羊肉,取羊胴体里脊肉置于低温冷藏箱运至实验室。在无菌操作台上将鲜羊肉剔除表面脂肪和肌膜,尽量保持样本表面平整,用无菌刀分割成84块,尺寸大小约为45 mm×45 mm×20 mm。将制备好的样本利用自封保鲜袋密封后逐个编号,独立整齐地摆放在储藏温度为4 ℃的冰箱环境中储藏1~12 d。每隔24 h取出7个样本,于室温下静置30 min后,用滤纸吸收表面水分后对样本依次进行高光谱成像数据采集。数据采集完毕后,立即测定羊肉TVB-N含量。

5.2.2　羊肉高光谱图像采集与校正

(1)高光谱成像系统

试验采用五铃光学(ISUZU OPTICS)高光谱成像系统,主要部件包括成像光谱仪、卤素灯、电控位移平台、光源控制器和计算机。整个系统置于黑箱内,系统结构与主要软件参数分别如图5.1和表5.1所示。

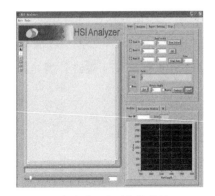

（a）ImSpector N25E 高光谱成像硬件系统　　　（b）高光谱图像采集软件界面

图 5.1　高光谱成像系统

表 5.1　高光谱成像系统主要元件信息

元　件	品　牌	型　号	产　地	信　息
成像光谱仪	Spectral Imaging Ltd	N25E	Finland	Band:950~2 500 nm
焦平面阵列相机	Xenics Ltd	Xeva-FPA-2.5-320	Belgium	pixel:320×250
电控位移平台	COM	IRCP0076-1	Taiwan	Range:0~400 mm
卤素灯	Illuminatior	3 900	USA	150 W
数据处理器	Dell	5 560 D	Taiwan	ISUZU OPTICS

（2）高光谱图像采集与校正

羊肉样本高光谱图像采集过程主要包括仪器预热、系统软硬件参数调试及图像采集 3 个步骤。试验开始前，将系统预热 30 min 以消除基线漂移及噪声等影响，保证系统各仪器组件稳定运行。调节光谱仪物镜高度及摄像头焦距，以获取清晰且不失真的羊肉样本图像。试验系统反复调试后，将成像光谱仪曝光时间设为 2.1 ms，物镜高度为 40 mm，电控位移平台速度为 22.9 mm/s，起点和终点位置分别为 165 mm 和 235 mm。图像分辨率选择 800 像素×428 像素，通过高光谱图像采集软件得到 935~2549 nm 范围的样本高光谱图像，羊肉样本高光谱图像采集系统示意如图 5.2 所示。

为避免高光谱成像系统采集样本光谱信息受到光强的变化和镜头中暗电流等因素影响，在数据处理前对高光谱图像按式（5.1）进行黑白校正，使各波长下光谱信息能够充分反映样本反射、吸收等光谱特性。

$$R = \frac{I_{\mathrm{S}} - I_{\mathrm{D}}}{I_{\mathrm{W}} - I_{\mathrm{D}}} \tag{5.1}$$

式中:R 为样本黑白校正后光谱反射率;I_{S} 为样本原始光谱反射率;I_{D} 为黑板校正光谱反射率;I_{W} 为白板校正光谱反射率。

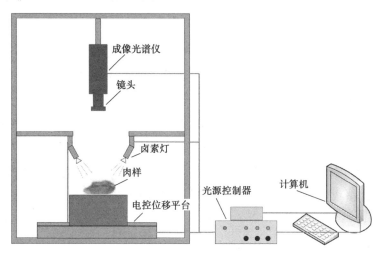

图 5.2　羊肉样本高光谱图像采集系统示意图

（3）感兴趣区域选取

使用 ENVI 5.3 软件提取羊肉高光谱图像信息,避开羊肉结缔、筋腱及反光严重部位,将左上、左下、右上、右下、中间 5 个代表性位置作为感兴趣区域（ROI）,每个区域大小设定为 20 像素 ×20 像素,计算 ROI 内所有像素的平均值得到样本平均反射光谱,样本高光谱图像 ROI 如图 5.3 所示。

图 5.3　羊肉高光谱图像 ROI 选取

5.3　特征波长优选方法研究

第 4 章中采用 SPA 法、CARS 法优选羊肉 TVB-N 特征波长,仅采用部分有效光谱信息建立预测模型,一方面可以简化模型;另一方面可以排除不相关或非线性变量,得到预测能力更强、稳健性更好的校正模型。上述特征波长选择方法多采用"单向"方式提取特征变量,特征变量只会单方面影响模型反演精度,预测结果优劣却不能干预特征变量的选择,从而限制了光谱信息的有效提取,导致模型反演精度不高。拟研究一种有效的"反馈型"特征变量智能提取方法,利用改进型粒子群算法提取羊肉 TVB-N 特征波长,将模型反演精度作为特征变量的提取标准,利用少数关键变量代替全谱段信息,既可降低模型运算量和复杂度,又可提高模型稳定性和准确性。

5.3.1　离散粒子群算法及其改进

CC 分析法、SPA 法及 CARS 法在高光谱数据降维时,没有与 TVB-N 的标定值建立任何联系,这样的特征波长选择方法往往带有较大的盲目性与随机性。本书提出采用智能粒子群特征波长搜索算法,将模型反演精度作为特征变量提取标准,探索对 TVB-N 有较强表征力的特征波长光谱信息。粒子群算法是由 J. kennedy 和 R. C. Eberhart 受鸟群觅食过程中的行为特征启发,于 1995 年提出来的一种群体智能随机搜索算法[250]。假设由若干粒子构成的一个种群在 D 维空间搜索最优位置,每个粒子由其速度和位置两个方面向量信息表示,第 i 个粒子的速度和位置分别表示为 $v_i = (v_{i1}, v_{i2}, \cdots, v_{iD})$, $x_i = (x_{i1}, x_{i2}, \cdots, x_{iD})$。

算法采用适应度函数评价粒子当前位置的优劣,经过多次迭代后,找到最优解或近似最优解。粒子在其第 $d(1 \leqslant d \leqslant D)$ 维的位置和速度的更新方式见式(5.2)、式(5.3)。

$$v_{id}^{k+1} = wv_{id}^k + c_1 r_1 (p_{id}^k - x_{id}^k) + c_2 r_2 (p_{gd}^k - x_{id}^k) \tag{5.2}$$

$$x_{id}^{k+1} = v_{id}^{k+1} + x_{id}^k \tag{5.3}$$

式中:w 为惯性权重;c_1、c_2 为学习因子;r_1、r_2 为 $0 \sim 1$ 随机数;v_{id}^{k+1}、x_{id}^{k+1} 分别为粒子 i

在 $k+1$ 次迭代更新后的速度和位置;v_{id}^k、x_{id}^k 分别为粒子 i 在 k 次迭代后的速度和位置;p_{id}^k 为第 k 次搜索时粒子 i 的历史最优解对应位置;p_{gd}^k 为第 k 次搜索时所有粒子全局最优解对应位置。

离散粒子群算法[251] 的每个粒子均通过二进制编码表示,粒子速度决定粒子位置取 0 或 1 的概率,利用 sigmoid 函数将速度映射到 $[0,1]$ 区间计算对应位置状态的概率,$S(v_{id}^{k+1})$ 表示粒子位置取 1 的概率,$S(v_{id}^{k+1})$ 与粒子速度 v_{id}^{k+1} 的数学关系见式 (5.4)。速度越大,粒子对应位置为 1 的概率越大;反之,对应位置为 1 的概率则越小。此时粒子速度更新公式不变,位置依据式(5.5)更新。

$$S(v_{id}^{k+1}) = \frac{1}{1 + \exp(-v_{id}^{k+1})} \tag{5.4}$$

$$x_{id}^{k+1} = \begin{cases} 1, & \text{rand}() < S(-v_{id}^{k+1}) \\ 0, & \text{其他} \end{cases} \tag{5.5}$$

式中:rand( )是产生(0,1)随机数的函数。

DBPSO 法依靠群体之间的合作与竞争来迭代,一旦有粒子发现当前最优位置,其他粒子迅速向其靠拢,当粒子速度接近零时,种群多样性会逐渐丧失,粒子群陷入局部最优邻域后停止搜索其他区域,从而容易陷入局部最优,发生"早熟"收敛。为克服传统 DBPSO 法的上述劣势,保证优选特征波段更具针对性且更为有效,本书提出 MDBPSO 法,分别从粒子位置更新方式和惯性权重两个方面对传统 DBPSO 法进行改进,具体思路如下:

(1)动态调整粒子位置

为避免函数 $S(v_{id}^{k+1})$ 靠近端点值出现"饱和现象",须限定粒子飞行速度最大值 $V_{\max}$,将速度限定在 $[-V_{\max}, V_{\max}]$ 区间内。当粒子接近最优解时,粒子速度 v_{id}^{k+1} 将趋向于 0,$S(v_{id}^{k+1})$ 值接近 0.5,此时算法按照纯随机性模式搜索,局部搜索能力变差,收敛效率降低。为克服传统算法的上述缺陷,在迭代后期对式(5.5)描述的粒子位置更新方式作以下改进:

设定粒子飞行速度最大值 $V_{\max}$ 为 4,当速度处于正负边界时,概率映射函数 $S(v_{id}^{k+1})$ 则分别为 0.982 和 0.018,函数值分别接近 1 和 0;当速度介于 $-V_{\max}$ 和 $V_{\max}$ 时,概率映射函数为减函数,在 $[0,1]$ 区间取值,特别地,当 v_{id}^{k+1} 为 0 时,映射函数 $S(v_{id}^{k+1})$ 值为 0.5。根据上述分析,sigmond 函数和位置更新依照式(5.6)、式(5.7)更新。

$$S(v_{id}^{k+1}) = \begin{cases} 1 - \dfrac{1}{1 + \exp(-v_{id}^{k+1})}, & -4 < v_{id}^{k+1} < 4 \\[4mm] \dfrac{1}{1 + \exp(-v_{id}^{k+1})}, & v_{id}^{k+1} \geq 4 \text{ 或 } v_{id}^{k+1} \leq -4 \end{cases} \tag{5.6}$$

设定边界条件后,当 $v_{id}^{k+1} \geq 4$ 时,$S(v_{id}^{k+1})$ 为 0.982;当 $v_{id}^{k+1} \leq -4$ 时,$S(v_{id}^{k+1})$ 为 0.018。

$$x_{id}^{k+1} = \begin{cases} x_{id}^k, & \text{rand}() > S(v_{id}^{k+1}) \\[2mm] 0, & \text{rand}() \leq S(v_{id}^{k+1}), & -4 \leq v_{id}^{k+1} \leq 0 \\[2mm] 1, & \text{rand}() \leq S(v_{id}^{k+1}), & 0 \leq v_{id}^{k+1} \leq 4 \end{cases} \tag{5.7}$$

在粒子接近最优解时,MDBPSO 法依据式(5.7)对粒子位置进行更新,压缩了粒子的运动空间,使粒子运动范围相对变窄,增强了算法的局部搜索能力,有利于算法实现快速收敛。

(2)改进惯性权重

惯性权重对平衡算法的全局搜索能力和局部搜索能力有显著作用,较大的惯性权重 w 可加快粒子飞行速度,提高算法的全局搜索能力,但收敛性相对降低;较小的 w 可减小粒子飞行速度,提高算法收敛效率,但容易陷入局部极值。

鉴于算法在运行前期注重全局搜索,后期需尽快收敛,现对 w 进行线性递减动态调整,调整方式见式(5.8)。

$$w = w_{\max} - \frac{t(w_{\max} - w_{\min})}{t_{\max}} \tag{5.8}$$

式中:$w_{\max}$、$w_{\min}$ 为 w 的最大值与最小值,通常情况下,$w_{\max}$ 和 $w_{\min}$ 分别取 1.2 和 0.9[27];t 为当前迭代次数;$t_{\max}$ 为最大迭代次数。

5.3.2 改进粒子群算法提取特征波段

(1)粒子编码设计

MDBPSO 法对特征波段选择相当于粒子编码的过程,即把每个波长定义为粒子的一维离散二进制变量,粒子的长度与光谱数据维数相同。对每个粒子,其取值可能为 1 或 0,1 表示相应波长被选中;0 表示该波长未被选中。每个粒子的飞行位置即可代表波段选择的一个解。对任何一种波长组合,存在唯一的特征向量与之对应。

(2)适应度函数设计

特征选择的目的是找出预测能力最强的特征组合,需要一个定量准则来度量特征组合的预测能力。本书使用 PLSR 模型校正集决定系数 R^2 作为评判特征波段适用性标准,根据式(5.9)构造适应度函数,依照算法所处周期进行分段优化,提高搜索效率,实现波段的合理、高效选择。

$$F = \frac{\sum\limits_{i=1}^{n} (\hat{y_i} - \bar{y})}{\sum\limits_{i=1}^{n} (y_i - \bar{y})^2} \tag{5.9}$$

式中:$\hat{y_i}$ 为模型的预测值;y_i 为样本实测值;$\bar{y}$为样本实测值的平均值;n 为样本个数。

(3)算法流程

DBPSO 法流程如图 5.4 所示,其搜索步骤简述如下:

①确定粒子群基本参数,包括种群大小 M、学习因子 c_1 和 c_2、惯性权重 w_{max}、w_{min} 和最大迭代次数 t_{max}。

②随机初始化种群粒子的位置和速度,位置 $x_i = (x_{i1}, x_{i2}, \cdots, x_{iD})$,速度 $v_i = (v_{i1}, v_{i2}, \cdots, v_{iD})$,同时初始化迭代次数,即 $t = 0$。

③粒子个体适应度评估。对粒子进行解码,得到粒子个体对应的特征变量的解,将其作为 PLSR 模型的输入因子,并将校正集样本实测值和预测值的决定系数作为粒子的适应度函数值。

④根据粒子个体和种群历史最优适应值,更新个体粒子历史最优位置和全局历史最优位置。

⑤计算迭代次数 t,并根据 t 更新粒子速度和位置。

⑥判断终止条件。若 $t < t_{max}$,则跳转到步骤③;若 $t = t_{max}$,则终止迭代,对全局粒子最优位置进行解码,得到特征波段提取结果。

在上述流程中,为兼顾算法全局搜索能力及局部收敛效率,MDBPSO 法采用两种方式对粒子位置进行更新:当 $t \leq 30\% t_{max}$,采用式(5.2)、式(5.4)、式(5.5)对粒子速度和位置进行更新;为保证算法收敛效率,当 $30\% t_{max} < t < t_{max}$,采用式(5.2)、式(5.6)、式(5.7)对粒子速度和位置进行更新。

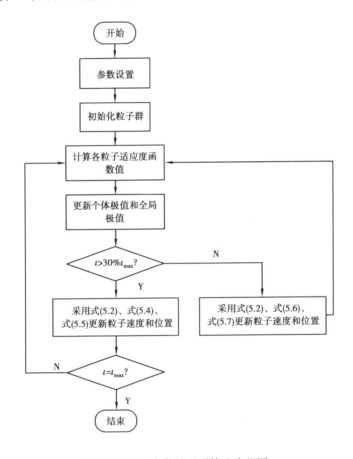

图 5.4　改进离散粒子群算法流程图

5.4　结果与分析

5.4.1　羊肉样本近红外反射光谱分析及预处理

本书采集了不同新鲜度水平下羊肉样本的近红外光谱信息,由于系统仪器、电流电压及外部环境等因素对样本反射光谱产生一定影响,在光谱检测器边缘获得的首端(935~973 nm)和末端(2 457~2 539 nm)光谱信息均存在较大噪声。因此,选取 980~2 450 nm 波段范围内的光谱数据用于后续羊肉新鲜度建模分析研究。

羊肉中脂肪、蛋白质等化学成分主要含 C—H、O—H、N—H 等基团,近红外光谱与分子含氢基团振动合频与各级倍频吸收有关,通过分析近红外光谱特征则可获取样本有机分子含氢基团特征信息。分析样本整个近红外谱区反射光谱[图 5.5(a)]发现,不同样本反射率高低存在明显差异,但光谱曲线趋势整体一致,光谱在974 nm、1 211 nm 及 1 440 nm 处存在 3 个明显的特征吸收峰。974 nm 和 1 440 nm附近存在强吸收峰,分别为水分子 O—H 伸缩振动二级和一级倍频,表明水分子在该波长下对近红外辐射存在强吸收。1 211 nm 处的相对弱峰为 C—H 伸缩振动二级倍频,被认为与脂肪含量相关。1 074 nm 附近存在 N—H 伸缩振动二级倍频,而N—H 一级倍频存在于 1 500 nm 附近,在此波长下能获得大量蛋白质相关信息[252]。2 000~2 500 nm 光谱吸收区域主要是由官能团 O—H、N—H 和 C—H 的合频伸缩振动引起大的光谱吸收区域,该区域表现出较低的光谱反射值。光照强度、传感器灵敏度和环境温度等因素会影响光谱信息应用的准确性和有效性,致使原始光谱曲线包含较多噪声。对样本反射光谱采用两次 S-G 平滑预处理,先采用 11 点 S-G 对较大噪声波段进行局部平滑,其他波段保持不变,得到初步滤波结果,然后采用 7 点 S-G 进行整体平滑,最大程度上保留了光谱细节信息。预处理后光谱曲线如图 5.5(b)所示,由图可知,光谱预处理后较原始光谱曲线更为平滑,减弱了系统噪声并提高了信噪比。

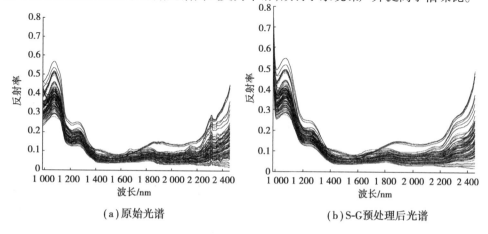

(a)原始光谱　　　　　　　　　　(b)S-G预处理后光谱

图 5.5　预处理前后样本反射光谱曲线

5.4.2 光谱特征变量选择

(1)基于 CC 分析法的特征波长选择与分析

对样本平均反射光谱与其 TVB-N 测定值进行相关性分析,结果如图 5.6 所示。不同波长下光谱反射率与 TVB-N 均为正相关关系,选择相关系数值高于 0.5 的极值点波长变量,将其作为特征波长变量。最终通过 CC 分析法筛选出特征波长个数为 13 个,分别为 1 049、1 099、1 125、1 339、1 364、1 673、1 723、2 144、2 251、2 263、2 307、2 332、2 351 nm。上述特征波长中,1 040 nm 附近的光谱吸收带附近为蛋白质分子结构官能团 N—H 键伸缩振动的一级倍频;1 100 nm 为 N—H 基团的三级倍频特征吸收带;1 364 nm 为 CH_3 基团伸缩一级倍频吸收带;2 300 nm 附近为羊肉分子官能团合频的光谱吸收带。通过 CC 分析法可选择表征羊肉新鲜度的一部分特征波长。

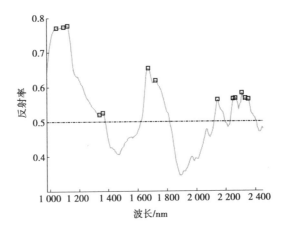

图 5.6　相关系数分析法提取特征波长

(2)基于 SPA 法的特征波长选择与分析

设定特征波长个数范围为 5~30,步长为 1,根据图 5.7(a)所示结果,随着特征波长数目的增加,RMSE 逐渐减小。当计算波长数为 12 时,RMSE 取得最小值 0.32,之后曲线变化平缓,考虑较多的输入量会增加模型复杂度,依据 RMSE 最小原则选择如图 5.7(b)所示的 1 017、1 112、1 194、1 340、1 440、1 497、1 641、1 673、1 879、2 119、2 169、2 301 nm 共 12 个特征波长。上述特征波长中,1 017 nm 附近为 N—H 基团伸缩二级倍频;1 112 nm 和 1 194 nm 分别处在 N—H 和 C—H 基团的三级倍频特征吸收带;1 497 nm 附近为 N—H 基团一级倍频。1 640 nm 为 CH_3 基团伸缩一级倍频吸收带[133,145]。水分主要含—OH 基团,1 400~1 500 nm 为 O—H 伸缩一级倍频吸收带,在 1 440 nm 附近存在强吸收峰,为水分子 O—H 伸缩振动的一级倍频。利用 SPA 法能够选择与羊肉新鲜度信息相关的有效特征波长。

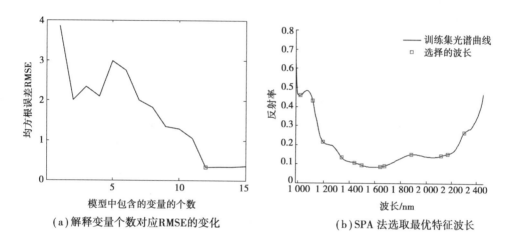

（a）解释变量个数对应 RMSE 的变化　　　　（b）SPA 法选取最优特征波长

图 5.7　SPA 法选取特征波长过程

（3）基于 CARS 法的特征波长选择与分析

采用 CARS 法选择特征波长时,设定采样次数为 50,CARS 法变量寻优的过程如图 5.8(a)所示,由选择的有效特征变量个数及交互验证均方根误差 RMSRCV 随采样次数的变化曲线可知,在 CARS 法采样初期,保留的特征波长个数随着采样次数的增加而迅速减小,模型利用指数衰减函数 EDP 通过排除 CARS-PLS 预测模型中回归系数较小的波长点进行特征波长"粗选",采样运行至第 10 次时,曲线下降速度区域平缓,算法根据交互验证均方根误差 RMSECV 进行特征波长的"精选"。RMSECV 值随采样次数呈先减后增的趋势。采样初期,算法先剔除与肉品新鲜度无关的变量,RMSECV 值逐渐下降;当采样运行至 31 次时,RMSECV 获得最小值 1.19,此时保留了 35 个回归系数绝对值较大的变量;第 46 次采样后,算法开始消除与样本预测信息相关的有用信息变量,RMSECV 值开始增加。

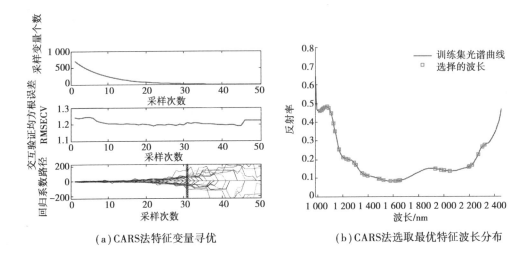

（a）CARS法特征变量寻优　　　　　（b）CARS法选取最优特征波长分布

图5.8　CARS法选取特征波长

　　CARS法筛选的变量结果如图5.8（b）所示,特征波长主要分布在1 020、1 074、1 192、1 211、1 370、1 500、1 640、2 200、2 300 nm波长附近,上述特征波长包括了大多数光谱反射峰和吸收峰,且与羊肉分子官能团的一级倍频、二级倍频和合频光谱吸收带都存在密切相关性。特征波长点数由原来全波段的234个减少至35个,降低幅度为85%,表明CARS法能够有效地解决光谱数据中的共线性问题,降低了近红外光谱数据的运算复杂度。

　　（4）基于DBPSO法和MDBPSO法的特征波长选择与分析

　　利用MDBPSO法进行特征波长提取,并与传统DBPSO法进行比较。具体设置参数如下:DBPSO法惯性权重w为1;最大迭代次数D_{max}为100;MDBPSO法惯性权重w_{max}和w_{min}分别为1.2和0.9;V_{max}和$-V_{max}$分别为4和-4;最大迭代次数D_{max}为80。两种算法的粒子维数均为234,学习因子c_1和c_2均设为2。种群规模M分别取15、25、35的条件下,算法均独立运行20次,表5.2统计了不同种群个数寻优得到最优适应度（optimum fitness value,OFV）的最大值、最小值及平均值,及获取到OFV最大值时算法的迭代次数。

　　由表5.2可知,两种算法的OFV值均随种群规模的增加而增大,且在规模M值为35时可获得最优结果。程序独立测试运行20次后,DBPSO法最优适应度最大值OFV_{max}、最小值OFV_{min}和平均值OFV_{ave}分别为0.801 2、0.712 7和0.752 1,其中

OFV$_{max}$对应的迭代次数为 75 次;算法改进后,MDBPSO 法的 OFV$_{max}$为 0.7872 ~ 0.8156,OFV$_{min}$为 0.6957 ~ 0.7512,当 M 为 35 时,OFV$_{max}$、OFV$_{min}$和 OFV$_{ave}$分别为 0.8156、0.7512 和 0.7712,OFV$_{max}$对应迭代次数为 62 次。综上所述,相较传统 DBPSO 法,改进后算法的 OFV 由 0.8012 提高到 0.8156,迭代次数由 75 降低至 62 次,收敛效率提高了 13.33%,表明 MDBPSO 法的收敛精度和收敛效率均有明显改善。

表 5.2 传统离散粒子群与改进离散粒子群算法寻优结果

种群规模	DBPSO 法				MDBPSO 法			
	OFV$_{max}$	OFV$_{min}$	OFV$_{ave}$	迭代次数	OFV$_{max}$	OFV$_{min}$	OFV$_{ave}$	迭代次数
15	0.7523	0.6832	0.7042	51	0.7872	0.6957	0.7321	38
25	0.7616	0.6933	0.7255	63	0.7913	0.7433	0.7462	51
35	0.8012	0.7127	0.7521	75	0.8156	0.7512	0.7712	62

注:OFV$_{max}$、OFV$_{min}$和 OFV$_{ave}$分别为 20 次试验测试得到最优适应度的最大值、最小值和平均值。

对两种算法测试后,适应度收敛曲线如图 5.9 所示。相同参数下,MDBPSO 法适应度函数值在迭代前期迅速增大,迭代过程中通过对惯性权重的动态调整,改进后算法寻优曲线适应度函数值变化较快,在提高收敛精度的同时,寻优成功率显著提高。22 次迭代后,适应度函数值已达到 OFV 的 95%。在算法迭代后期,粒子群在局部寻找 OFV 值时,惯性权重和粒子位置的动态调整协同合作,压缩粒子的搜索空间,提高了函数的局部搜索能力,从而降低了算法的时间复杂度,促使适应度函数更为快速地收敛至最优值。算法迭代至 55 次时,适应度函数值已经基本接近 OFV,可见改进后算法的收敛效率得到显著提高。MDBPSO 法求得函数最佳适应度值为 0.8156,大于传统 DBPSO 法的 0.8012,表明 MDBPSO 法优选特征波段对羊肉 TVB-N 具有较强的表征力。综上所述,MDBPSO 法能够兼顾函数最优适应度的全局和局部寻优准确度,有效避免"早熟"现象产生,具有较高的精准度和鲁棒性。

通过 DBPSO 法和 MDBPSO 法分别提取了 36 个和 19 个光谱特征向量,算法优化后提取的特征波段在数量上有所减少,算法时间复杂度相应降低。两种算法优选特征波段及其位置分布如图 5.10 所示。分析发现,两种算法提取的特征波长在 1 020、1 074、1 192、1 211、1 370、1 500、1 640、2 200、2 300、1 100 ~ 1 200、1 400 ~ 1 500 nm 等波长范围的分布较为集中。

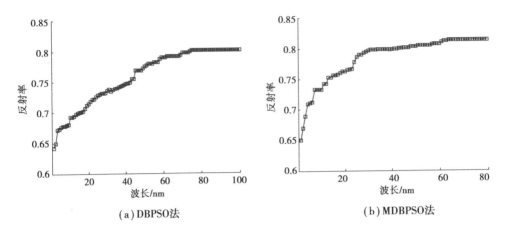

（a）DBPSO法　　　　　　　　（b）MDBPSO法

图 5.9　DBPSO 法和 MDBPSO 法适应度函数收敛曲线

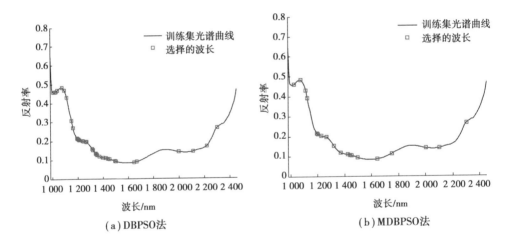

（a）DBPSO法　　　　　　　　（b）MDBPSO法

图 5.10　DBPSO 和 MDBPSO 法选择特征波长

　　分析认为,羊肉新鲜度主要与水分、蛋白质和脂肪等营养成分的分解程度有关。随着储藏时间的延长,这些营养组分在酶和细菌作用下逐渐被分解,蛋白质、脂肪、糖类等化学成分改变的同时伴随组织结构中 C—H、O—H、N—H 等含氢基团变化,而肉品光谱特征信息与其这些含氢基团倍频和合频吸收有关,对不同新鲜度水平羊肉样本,其分子官能团在各波长下表现出光谱差异,透过肉品光谱则可分析肉类化学成分变化规律。由于组织结构中分子所含基团种类多且差异较大,且不同基团在近红外谱区的吸收位置及吸收强度各异,因此不同组分的分子基团都对应了特定的波长吸收组合。蛋白质主要包含—CH_n、—NH 等基团,1 020 nm 和 1 074 nm 附近为 N—H 基团伸缩二级倍频;1 109 nm 为 N—H 基团的三级倍频特征吸收带;1 500 nm

附近为 N—H 基团一级倍频,1192 nm 为 C—H 基团三级倍频吸收带。脂肪主要含—OH、—CH$_n$ 等基团,1 500 nm 附近为 N—H 基团伸缩一级倍频;1 211 nm 处的相对弱峰为 C—H 基团伸缩振动二级倍频[132];1 370 nm 和 1 640 nm 为 CH$_3$ 基团伸缩一级倍频吸收带,1 100 ~ 1 200 nm 波段范围内是脂肪 C—H、CH$_2$、CH$_3$ 伸缩二级倍频主要吸收带。水分主要含—OH 基团,1 400 ~ 1 500 nm 为 O—H 伸缩一级倍频吸收带,在974 nm 和 1 440 nm 附近存在强吸收峰,分别为水分子 O—H 伸缩振动二级和一级倍频[253]。2 000 ~ 2 400 nm 光谱吸收区域主要是由 O—H、N—H 和 C—H 官能团的合频伸缩振动引起的较大范围光谱吸收区域,该区域表现出较低的光谱反射值。通过上述波长下的光谱信息可获得表征肉品品质的大量相关信息,既为利用特征波长光谱信息分析羊肉新鲜度提供了理论依据,也为设计开发基于滤光片的便携式多光谱检测仪开发提供了参考思路。

5.4.3　最优光谱特征波长选择与分析

(1)样本校正集和预测集划分

84 个羊肉样本中,剔除光谱采集异常和理化指标测定时出现意外或未进行测量的 4 个异常样本,将剩余的 80 个样本划分为校正集和预测集,用于羊肉新鲜度预测模型的建立和测试。采用 K-S(Kennard-Stone)算法基于样本间的欧氏距离对样本进行筛选以划分校正集和预测集,56 个样本为校正集,24 个样本为预测集。K-S 算法划分羊肉样本 TVB-N 统计值见表 5.3。

表 5.3　羊肉样本 TVB-N 统计

样本集	样本个数	TVB-N/(mg · 100g^{-1})			
		最小值	最大值	平均值	标准偏差
校正集	56	8.15	38.63	17.10	7.84
预测集	24	8.63	40.08	18.16	8.71

(2)不同特征波长优选方法建立新鲜度 PLSR 模型

5.4.2 节利用 CC 分析法、SPA 法、CARS 法、DBPSO 法和 MDBPSO 法优选了表

征羊肉 TVB-N 含量的特征波长,上述方法在不同程度上实现了光谱特征的降维处理。CC 分析法、SPA 法只保留了 5% 左右的波长变量,CARS 法和 DBPSO 法去除了接近 85% 的波长,MDBPSO 法保留了 8% 左右的波长变量。为验证特征波长选择算法进行光谱特征提取的有效性,比较不同特征波段选择方法对羊肉新鲜度预测模型性能的影响,分别以全波段及上述 5 种算法优选特征波长的光谱反射率(total spectral reflectance,TSR)为自变量,建立羊肉 TVB-N 含量的 TSR-PLSR、CC-PLSR、SPA-PLSR、CARS-PLSR、DBPSO-PLSR 和 MDBPSO-PLSR 预测模型。根据校正集、预测集实测值与预测值的决定系数 R_c^2、R_p^2 和均方根误差 RMSEC、RMSEP 对各预测模型进行精度评估,并优选羊肉 TVB-N 预测模型的最佳光谱预处理方法,以备后续对建模方法的研究,模型精度验证结果见表5.4。

表5.4　不同特征波长选择算法建立 PLSR 模型精度验证

模　　型	波段维数	校正集		预测集	
		R_c^2	RMSE	R_p^2	RMSE
TSR-PLSR	234	0.72	4.48	0.71	4.66
CC-PLSR	13	0.73	4.27	0.69	4.81
SPA-PLSR	12	0.78	3.86	0.72	4.53
CARS-PLSR	35	0.79	3.84	0.76	3.98
DBPSO-PLSR	36	0.80	3.73	0.80	3.64
MDBPSO-PLSR	19	0.82	3.61	0.81	3.68

由表5.4可知,利用全波段光谱和 CC 分析法建立 PLSR 模型的预测精度均比较低。分析认为,全波段信息来源较为全面,但波段信息重叠带来的繁杂冗余数据可能导致模型预测精度降低。CC 分析法在很大程度上考虑了样本实测值与光谱信息之间的相关度,提取 13 个特征变量的波长范围比较集中且相邻间隔较小,波长反射率之间表现为极显著相关关系,相关系数最大可达 0.912。由此可知,利用 CC 分析法提取的光谱特征变量之间存在多重共线性,降低了模型精度。此外,单一特征信息面窄且缺少互补信息,干扰信息对模型精度的影响比较突出。SPA-PLSR、CARS-PLSR 模型虽具备一定的预测能力,但 R_c^2 和 R_p^2 值差值较大,存在精度低且鲁棒性差等缺陷。

　　粒子群算法将模型反演精度作为特征变量提取标准,能够更加"智能"地提取特征波段,该算法的优越性在水质预测[254]、烤烟烟叶图像特征提取[255]及青贮饲料含水率检测[256]等方面得到了验证。相比原始光谱的 234 个波段,DBPSO 法提取的 36 个特征变量在很大程度上降低了模型的复杂度,但模型的 OFV 值较小且收敛效率颇低。本书提出的 MDBPSO 法使用 sigmoid 映射函数,对粒子的飞行速度加以限制,根据算法所处周期动态调整粒子群惯性权重、改变粒子位置更新方式。研究表明,MDBPSO 法提取特征变量个数由 234 减少至 19 个,OFV 值由 0.801 2 提高至 0.815 6,对应迭代次数由 75 次降低至 62 次。由此可知,算法优化后进一步降低了模型复杂度,在算法收敛效率和模型反演精度两个方面均有显著提高。此算法较为全面地考虑各波段光谱信息对反演参数的贡献度,一定程度上表明 MDBPSO 法提取羊肉 TVB-N 特征波长的有效性。该算法有效降低了模型运算复杂度,提高了模型的稳健性,提高了参数反演模型的鲁棒性和准确性。

5.5　本章小结

　　本章采用近红外高光谱成像系统获取羊肉样本 935 ~ 2 539 nm 的高光谱图像信息,以 TVB-N 为主要研究指标对羊肉新鲜度快速预测进行深入研究。为建立稳定性及适用性较强的羊肉新鲜度预测模型,本章重点对表征羊肉 TVB-N 含量的近红外特征波长进行研究分析,提出采用基于改进型离散粒子群算法优选羊肉 TVB-N 特征波长,在粒子更新方式和惯性权重两个方面对传统离散粒子群算法进行优化。为验证 MDBPSO 法提取光谱特征信息的有效性,研究比较了 CC 分析法、SPA 法、CARS 法和 DBPSO 法提取特征波长变量对羊肉新鲜度预测模型性能的影响,分别建立羊肉 TVB-N 含量的 TSR-PLSR、CC-PLSR、SPA-PLSR、CARS-PLSR、DBPSO-PLSR 和 MDBPSO-PLSR 预测模型,并根据校正集、预测集实测值与预测值的决定系数 R_c^2、R_p^2 和均方根误差 RMSEC、RMSEP 对羊肉 TVB-N 预测模型进行精度评估。研究结果表明,利用全波段光谱和 CC 分析法选择特征光谱信息建立 PLSR 模型的预测精度均比较低。全波段信息来源较为全面,但波段信息重叠带来的繁杂冗余数据可能导致模型预测精度降低,而利用 CC 分析法提取的光谱特征变量之间存在多重共线性,导致模型精度降低。SPA-PLSR、CARS-PLSR 模型虽具备一定的预测能力,但 R_c^2 和 R_p^2 值差值较大,存在精度低且鲁棒性差等缺陷。采用粒子群算法将模型的反演精度作为特征变量的提取标准,能够更加"智能"地提取特征波段,优化后的粒子群算法提取的特征变量个数由 234 个减少至 19 个,OFV 值由 0.801 2 提高至0.815 6,对应迭代次数由 75 次降低至 62 次。综上所述,MDBPSO 法可有效提取羊肉 TVB-N 近红外特征波长,一定程度上降低了预测模型复杂度,在算法收敛效率和模型预测精度两个方面均取得到较好的应用效果。

第 **6** 章

基于高光谱成像技术的羊肉新鲜度预测模型研究

6.1 引　言

第 5 章研究表明,利用近红外高光谱特征信息可对羊肉变质过程中 TVB-N 含量进行快速预测,表明近红外光谱技术能客观地检测肉品内部的化学组分含量,较好地评价羊肉新鲜度。而肉品在腐败变质过程中,其内部化学组分变化的同时伴随颜色、纹理等外部特征的变化,光谱技术仅能获取反映新鲜度的内部特征信息,无法获取肉品变化的外部空间信息,检测准确性有待进一步提高。在第 5 章基于近红外光谱技术获取羊肉内部特征变化信息的基础上,本章拟优选羊肉新鲜度的颜色、纹理等外部图像特征提取方法,并研究多源特征融合方法有效挖掘融合特征,建立更为稳定且精确的羊肉新鲜度预测模型,进而建立基于光谱图像特征融合的羊肉新鲜度表征方法。

本章以第 5 章试验材料与方法为基础,采用 MDBPSO 法优选近红外特征变量作为随机森林回归(RFR)和 BP 人工神经网络(BPANN)羊肉新鲜度预测模型的输入量,利用袋外均方根误差 $RMSE_{OOB}$ 对 RFR 模型最佳回归子树和分裂特征两个重要参数进行寻优,确立羊肉 TVB-N 含量的最佳光谱特征预测模型。利用 PCA 法、GA 法优选图像特征变量,建立基于颜色和纹理信息融合的羊肉 TVB-N 含量预测模型。结合光谱和图像特征建立基于特征层信息融合的羊肉 TVB-N 含量模型,进而多方法、多角度地建立基于图谱信息融合的羊肉新鲜度快速检测方法。

6.2 数据分析方法

6.2.1 GA 法

遗传算法(GA)是依据生物进化原理提出的高效、智能搜索优化算法。GA 法以适应度函数为准则,利用选择、交叉及变异等算子,自适应地在复杂空间进行全局优化搜索,使适应度值较高的个体被保留,从而实现群体重组及个体结构的迭代优化。为降低算法随机性对计算结果的影响,研究进行多次 GA 法试验计算以提高优选特征波长的可靠性。其算法流程如图 6.1 所示。具体步骤如下:

①个体编码:采用二进制形式对基因进行编码,二进制编码将粒子位置向量中的每一位取 1 或 0,1 表示相应波长被选中,0 则表明该波长未被选中。

②初始化种群:群体个数为 56,最大迭代次数 100,初始种群设为 30% ,交叉概率为 0.5,变异概率为 0.01。

③计算适应度函数值:通过 5 折交叉验证计算预测值和实测值的均方根误差 RMSECV 作为适应度函数。适应度函数公式为

$$\text{Fitness} = \text{sse}(\hat{y}_i - y) = \sum_{i=1}^{n} (\hat{y}_i - y)^2 \tag{6.1}$$

式中:$\hat{y}_i$ 为模型的预测值;y_i 为样本实测值;n 为样本个数。

④选择操作:计算每个波长光谱的相对适应概率,假设种群大小为 M,根据步骤③计算得到第 k 个波长的适应度,则第 k 个波长被选中的概率 p_k 根据下式确定为

$$p_k = \frac{F_k}{\sum_{k=1}^{M} F_k}, k = 1,2,\cdots,M \tag{6.2}$$

⑤交叉变异操作,将两个相互配对的染色体交换部分基因从而形成两个新个体,然后将染色体编码串中的默写基因进行0、1互换的补位操作,根据变异概率生成变异基因。交叉和变异算子协同合作完成全局和局部空间的寻优操作。

⑥重复执行步骤③到步骤⑤,直至达到最大迭代次数或给定的收敛条件时,结束寻优。

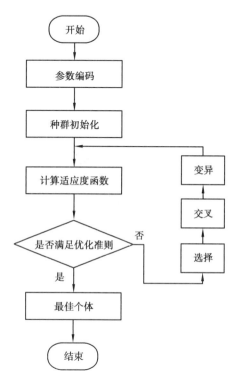

图6.1 GA法选择特征波段流程图

6.2.2 BP 神经网络模型

BP 人工神经网络(BPANN)[257]是一种根据误差反向传播法训练的多层前馈网络,网络拓扑由输入层、隐含层和输出层组成。通过预测误差反向传播来调整网络权值和阈值,使误差函数沿相反梯度方向移动,从而使 BPANN 输出值不断逼近期望值,直到网络输出误差降低到设定值或者计算次数达到系统预设值为止。本书选用3层结构的 BPANN 模型建立羊肉新鲜度判别模型,模型结构如图 6.2 所示。k_1,k_2,$\cdots$,k_i 为网络的输入层节点,r_1,r_2,$\cdots$,r_p 为隐含层节点,y 为神经网络的输出值。

输入层、隐含层、输出层各神经元分别经权值、阈值及传递函数连接公式如下：

$$h_p = f_1 \left(\sum_{n=1}^{3} w_{np} x_n - z_p \right), p = 1,2,\cdots,m \tag{6.3}$$

$$y_q = f_2 \left(\sum_{p=1}^{m} w_{pq} r_p - z_q \right), p = 1 \tag{6.4}$$

式中：n 为输入层神经元个数；p 为隐含层神经元个数；q 为输出层神经元个数；f_1、f_2 为隐含层和输出层的激活函数；w_{np} 为第 n 个输入神经元到第 p 个隐含神经元的权值；w_{pq} 为第 p 个隐含神经元到第 q 个输出神经元的权值；z_p 为输入层到隐含层的阈值；z_q 为隐含层到输出层的阈值；y_q 为神经网络输出。

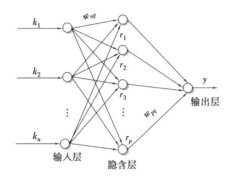

图 6.2 羊肉新鲜度 BP 网络预测模型

6.2.3 RFR 模型

随机森林算法[258]是 Breiman 提出的一种基于决策树的集成学习算法。利用自助抽样法（bootstrap）从原数据集有放回地随机抽取多个不同的训练数据集，且每个训练数据集的样本数量与原数据集相同。利用随机子空间法对每个 bootstrap 数据集分别构建决策树模型，分别利用投票法和平均值法确定模型预测的分类和回归结果。随机森林回归（RFR）模型中每棵决策树都是回归树，这些树并行建立多个预测子模型，构建过程如图 6.3 所示。

定理 1　假设 S 为原始样本，N 为 S 中的样本数，则 S 中每个样本没有被抽取的概率为

$$\left(1 - \frac{1}{N} \right)^N \tag{6.5}$$

$$当 N \rightarrow \infty 时, \left(1 - \frac{1}{N}\right)^N = \frac{1}{e} = 0.368 \qquad (6.6)$$

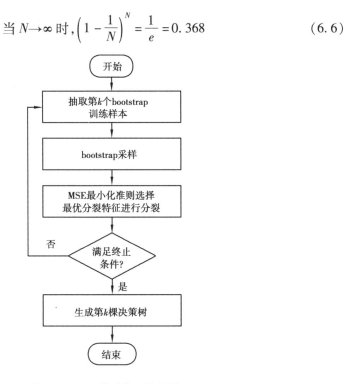

图 6.3 RFR 模型构建流程图

根据定理 1,RFR 模型利用 bootstrap 法随机抽取的自助训练集中,每次约有 36.8% 的样本未被抽取,这些样本称为袋外数据(Out of Bag,OOB)。由于 OOB 误差估计近似等于交叉验证结果,计算森林中每棵回归子树的 OOB 估计误差即可得到 RFR 模型的泛化误差,利用 OOB 对 RFR 算法的建模结果进行泛化误差估计。回归子树个数和候选分裂特征个数是影响 RFR 模型预测精度的主要离散型调节参数,依据袋外数据均方根误差 RMSE_{OOB} 对上述两个参数寻优以提高 RFR 模型预测精度,寻优过程如图 6.4 所示。

具体步骤如下:

①设定回归子树个数 k 与候选分裂特征个数 $mtry$ 初值,从 M 个输入特征中随机选择 $mtry$ 个特征建立 RFR 训练模型,并计算 RMSE_{OOB}。

②判断 RMSE_{OOB} 是否收敛,设定 RMSE_{OOB} 收敛精度为 10^{-3}。如果 RMSE_{OOB} 变化差值大于收敛精度,则进行模型参数优化,bootstrap 重新采样训练 RFR 模型;当 RMSE_{OOB} 变化差值达到设定精度时,确定模型回归子树数量 k 值。

③设定分裂特征个数 mtry 的取值范围为 $[1, M]$,步长为 1,对 mtry 进行全局选

代寻优,以 RMSE_{OOB} 最小化原则确定最佳分裂特征个数 mtry 的值。

④依据确定的调优参数生成回归子树,构建羊肉 TVB-N 含量的 RFR 预测模型。

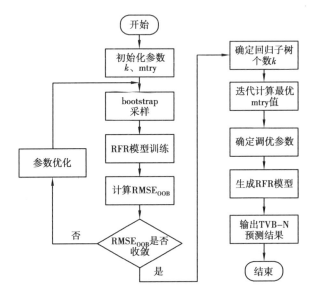

图 6.4 RFR 模型参数寻优流程图

6.3 光谱特征模型建立与分析

6.3.1 BPANN 预测模型建立

将 5.4.3 节 MDBPSO 法优选的 19 个特征波长作为 BPANN 网络模型输入参数,校正集样本类别作为模型输出参数。隐含层节点个数根据式(6.7)确定。

$$L = \sqrt{n + m} + a \tag{6.7}$$

式中:n 为输入层节点个数;m 为输出层节点个数;a 的取值范围为 $1 \sim 10$。

模型中,输入量为 19 个特征波长,$n = 19$;输出量为样本 TVB-N 含量标定值,$m = 1$。隐含层节点个数 L 的取值为 $6 \sim 16$。设定 BPANN 模型训练误差为 0.001,

网络训练次数为 2 000,多次试验调整网络结构,确定模型最佳参数如下:隐含层激活函数为 logsig,输出层激活函数为 tansig,训练函数为 traingd,隐含层节点数为 9。根据以上网络参数,建立拓扑结构为 19:9:1 的 3 层 BPANN 模型。

6.3.2　RFR 预测模型建立

以 MDBPSO 法优选特征波长为自变量,建立羊肉 TVB-N 含量的 MDBPSO-RFR 预测模型。首先确定回归子树数量 k 值,试验预设 $k = 500$,将 20 次独立运行试验的平均值作为测试结果。输入量 M 为 MDBPSO 法优选的 19 个特征变量,当候选分裂特征个数 mtry 分别取 M、$M/2$、$M/3$ 时,RFR 模型的 $RMSE_{OOB}$ 随 k 的变化曲线如图 6.5 所示。由图可知,所有曲线 $RMSE_{OOB}$ 均随 k 的增加而降低,并总体呈现迅变—缓变—平稳的变化趋势。变化初期 $k < 50$ 时,$RMSE_{OOB}$ 随 k 增加而迅速减小,k 值超过 50 后,曲线逐渐趋于平缓,直至 k 增加到 300,$RMSE_{OOB}$ 值接近收敛,k 值设定为 300。遍历分裂特征个数 mtry 在区间 $[1,19]$ 的全部数值,步长设定为 1,算法寻优结果如图 6.6 所示。当 mtry $= 9$ 时,MDBPSO-RFR 预测模型的 $RMSE_{OOB}$ 取得最小收敛值 2.79,模型训练时间为 0.238 s。综上分析,当 $k = 300$,$mtry = 9$ 时,可获得最优的 MDBPSO-RFR 预测模型。

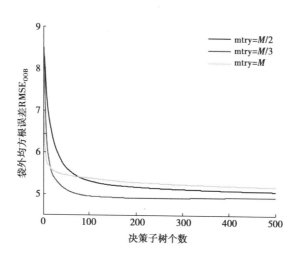

图 6.5　不同 mtry 值对应 $RMSE_{OOB}$ 的变化曲线

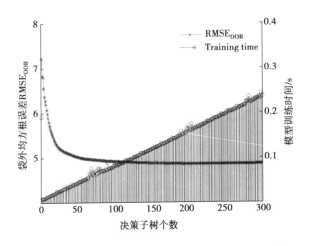

图 6.6 RMSE$_{OOB}$和模型训练时间的变化曲线

6.3.3 预测模型结果分析

为验证采用 MDBPSO 法进行光谱特征信息提取的有效性及 RFR 算法建立预测模型的准确性,对比羊肉 TVB-N 含量的 MDBPSO-BPANN、MDBPSO-RFR 两个预测模型的预测效果,并对各预测模型进行精度验证(图 6.7)。

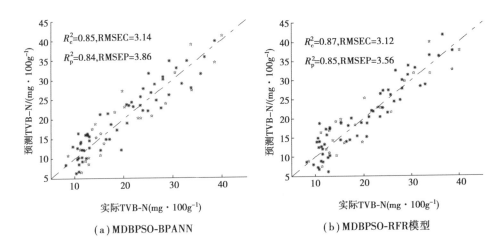

$R_c^2=0.85$,RMSEC=3.14
$R_p^2=0.84$,RMSEP=3.86

(a) MDBPSO-BPANN

$R_c^2=0.87$,RMSEC=3.12
$R_p^2=0.85$,RMSEP=3.56

(b) MDBPSO-RFR模型

图 6.7 羊肉 TVB-N 含量实测值与预测值分布

结果显示,MDBPSO-RFR 模型校正集的拟合效果相对较好,散点分布较 MDBP-SO-BPANN 模型集中,相对贴近 1∶1 线。其校正集 R_c^2 和均方根误差 RMSEC 分别为

0.87 和 3.12,预测集 R_p^2 和均方根误差 RMSEP 分别为 0.85 和 3.56,表明该模型在准确度(R^2)和精确度(RMSE)方面较 MDBPSO-BPANN 模型均有显著提高。

分析认为,BPANN 算法需要反复调整网络结构参数,从而容易过度训练且发生"过拟合",反而降低了模型的泛化能力。RFR 算法属于机器学习范畴,该算法对传统的决策树模型进行优化,采取 Bagging 思想和特征子空间思想,引入样本和自变量时具有随机性,回归结果既受样本和自变量的影响,同时不会过分趋近于某个样本,对噪声和异常值都有较强的容忍度,可在一定程度上有效解决连续的非线性问题。

6.4　图像特征变量选择

采用 ENVI 软件在 980~2 450 nm 波段范围提取大小为 800 像素×428 像素的 234 幅高光谱图像,得到 1 个 800 像素×428 像素×234 像素的高光谱数据块。该数据块相邻波段图像存在较高相关性,且包含了大量冗余信息。优选表征羊肉 TVB-N 特征波长图像,获取肉品变化的外部空间颜色及纹理特征信息,对提高羊肉新鲜度检测的准确性有重要意义。

6.4.1　PCA 法优选特征图像

主成分分析法(PCA)是一种非监督的线性变换投影特征提取方法,原始数据经主成分分析后,得到一组互不相关的主成分新变量,采用 PCA 法优选方差贡献率较大的前几个主成分图像,找出最能解释肉品原始信息的主成分图像信息。然后根据该主成分权重系数大小,将全波段信息压缩到少数表征性较强的波长信息,选择对应波长下的图像作为特征波长图像。

如图 6.8 所示为羊肉原始高光谱图像经 PCA 法分析后,得到的第一主成分图像(PC_1)、第二主成分图像(PC_2)、第三主成分图像(PC_3)和第四主成分图像(PC_4)共前 4 个主成分图像。其中 PC_1 的方差贡献率高达 97.26% ,PC_2 的方差贡献率仅为 2.18% ,PC_3 和 PC_4 的方差贡献率分别为 0.16% 和 0.08% 。由图 6.8 可知,PC_1 与原始图像最为接近,解释了原始高光谱图像的绝大多数信息,本书根据第一主成分图像寻找特征波长图像。

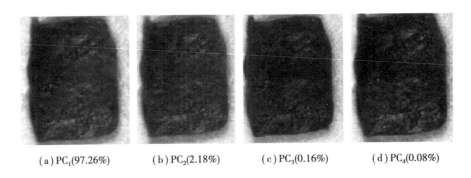

(a) PC$_1$(97.26%)　　(b) PC$_2$(2.18%)　　(c) PC$_3$(0.16%)　　(d) PC$_4$(0.08%)

图 6.8　PCA 法获取的前 4 个主成分图像

由 PCA 原理可知,主成分图像是由原始高光谱图像数据中各个波长下图像通过线性组合形成的新图像,线性组合公式见式(6.8)。该线性组合中,权重系数绝对值越大,该波长下图像对主成分的贡献率也越大,越能表征肉品原始信息。

$$PC_m = \sum_{i=1}^{n} \alpha_i I_i \tag{6.8}$$

式中:PC_m 为第 m 个主成分图像;α_i 为主成分对应的权重系数;I_i 为第 i 个波长对应的原始图像。

该线性组合中,权重系数较大的波长对应图像贡献率也大,该波长下的图像则为特征图像。

比较不同羊肉样本 PC$_1$ 图像的 234 个权重系数,发现权重系数较大位置分别处于 1 257、1 396 和 1 736 nm 波长处,选择上述 3 个波长作为羊肉新鲜度的特征波长。3 个特征波长下的灰度图像提取结果如图 6.9 所示。

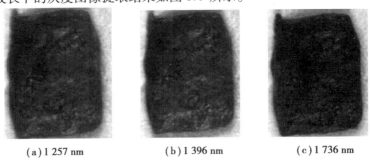

(a) 1 257 nm　　　　(b) 1 396 nm　　　　(c) 1 736 nm

图 6.9　PCA 法提取 3 个特征波长下的羊肉灰度图像

6.4.2　GA 法优选特征图像

本书在利用 PCA 法优选特征波长图像的同时,有比较地采用 GA 法特征变量智能搜索算法,将模型的反演精度作为特征波长图像的提取标准,优选对 TVB-N 表征力较强的图像特征变量。本书以全谱段 234 个光谱变量作为筛选对象,设定 GA 法模型的参数为:群体个数为 30,最大迭代次数 100,初始种群设为 30%,交叉概率为 0.5,变异概率为 0.01。寻优结束后将选用频次最多的变量按由高到低的顺序逐一加入 PLSR 模型,再以 RMSECV 值确定最佳光谱特征变量。为降低 GA 法随机性对计算结果的影响,程序独立测试运行 20 次后,选出测试性能最好的模型,并以该模型中出现频次超过 15 的 5 个波长作为特征波长(图 6.10)。

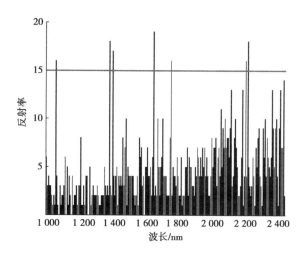

图 6.10　GA 法选择特征波长

由图 6.10 可知,频次高于 15 的波段总共有 7 个,分别为第 10、62、65、105、122、195 和 197 波段,考虑第 62 和 65 波段、第 195 和 197 波段比较邻近且共线性较强,分别选取频次较高的 62 和 197 波段。GA 法优选了 10、62、105、122 和 197 共 5 个特征波长,分别对应了 1 042、1 370、1 642、1 748、2 200 nm 5 个特征波长图像(图6.11)。

1 042 nm 附近为 N—H 基团伸缩二级倍频;1 370 nm 为 CH_3 基团伸缩的一级倍频吸收带;1 642 nm 为 CH_3 基团伸缩一级倍频吸收带;1 748 nm 附近为 C—H 基团伸缩一级倍频;2 200 nm 为 N—H 基团合频的光谱吸收带。上述研究表明,GA 法能够筛选出引起羊肉 TVB-N 变化的蛋白、胺类物质等所对应的光谱信息。

（a）1 042 nm　　　　　　　　　　　（b）1 370 nm

（c）1 642 mn　　　　　（d）1 748 nm　　　　　（e）2 200 nm

图 6.11　GA 法优选的 TVB-N 5 个特征波长图像

6.4.3　图像特征变量提取

随着羊肉样本储藏时间的延长，蛋白质、脂肪等成分在酶和微生物的作用下进行分解，羊肉表面的颜色、纹理等感官特征发生明显变化。根据这一变化规律，分别从 PCA 法优选的 3 个特征波长图像和 GA 法优选的 5 个特征波长图像中分别提取颜色和纹理特征。

（1）颜色特征提取

存放不同天数的羊肉样本颜色上存在细微差异，由于特征图像为单个波长下的灰度图像，图像的亮度均值 A_{ag} 和标准差 S_{sg} 反映了样本反射率的高低，因此选取亮度均值和标准差两个变量作为特征图像的颜色特征。计算公式为

$$亮度均值：A_{ag} = \frac{1}{N} \sum_{i=1}^{N} f_i(x,y) \tag{6.9}$$

$$标准差：S_{sg} = \sqrt{\frac{1}{N-1} \sum_{i=1}^{N} (f_i(x,y) - A_{ag})^2} \tag{6.10}$$

由此，每个羊肉样本通过 PCA 法优选 3 个特征图像提取的颜色特征参数共计 6 个，GA 法优选 5 个特征图像提取的颜色特征参数共计 10 个。

（2）纹理特征提取

灰度共生矩阵通过研究灰度的空间相关特性来描述对象纹理特征，该方法为一个基于共生矩阵的二阶概率统计方法，表示某灰度级下相邻像素之间出现在特定方向与距离上的概率。通过计算图像空间中相隔一定距离两像素点之间的相关特性，反映图像灰度在相距间隔及变化幅度等方面的综合信息。同质性 IDM、对比度 CON、相关性 COR 和能量 ASM 等是表征力较强的纹理特征，上述特征参数值跟相邻两点之间的距离和角度有关。计算公式为

$$能量：ASM = \sum_{i=1}^{k} \sum_{j=1}^{k} (G(i,j))^2 \tag{6.11}$$

$$相关性：COR = \sum_{i=1}^{k} \sum_{j=1}^{k} \frac{(ij)G(i,j) - u_i u_j}{s_i s_j} \tag{6.12}$$

$$同质性：IDM = \sum_{i=1}^{k} \sum_{j=1}^{k} \frac{G(i,j)}{1 + (i-j)^2} \tag{6.13}$$

$$对比度：CON = \sum_{n=0}^{k-1} n^2 \left\{ \sum_{|i-j|=n} G(i,j) \right\} \tag{6.14}$$

同样随机截取每个特征波段图像中的 200 像素 × 200 像素区域，设定相邻间距为 1，分别提取 0°、45°、90° 和 135° 4 个角度方向的同质性 IDM、对比度 CON、相关性 COR 和能量 ASM 参数值，每个特征波长图像得到 16 个纹理特征参数。由此，每个羊肉样本通过 PCA 法优选 3 个特征图像提取的颜色特征参数共计 48 个，GA 法优选 5 个特征图像提取的颜色特征参数共计 90 个。

6.5　图像特征模型建立与分析

试验通过 PCA 法优选了 3 个特征波长图像，提取了颜色和纹理特征变量分别为

6 个和 48 个,每个羊肉样本共提取了 54 个的图像特征变量;通过 GA 法优选了 5 个特征波长图像,提取的颜色和纹理特征变量分别为 10 个和 90 个。分别对 PCA 法和 GA 法优选图像特征变量进行主成分分析,各提取出 7 个和 8 个最佳主成分因子,再将上述因子分别作为 BPANN 的输入向量构建羊肉 TVB-N 含量预测模型。

PCA-BPANN 模型中,输入量为 7 个特征波长,$n=7$;输出量为样本羊肉 TVB-N 含量标定值,$m=1$。隐含层节点个数 L 的取值为 3 ~ 12。设定 BPANN 模型训练误差为 0.001,网络训练次数为 2 000,多次试验调整网络结构,确定模型最佳参数如下:隐含层激活函数为 tansig,输出层激活函数为 purelin,训练函数为 traingd,隐含层节点数为 6。根据以上网络参数,建立拓扑结构为 7:6:1 的 3 层 BPANN 模型。GA-BPANN 模型中,输入量为 8 个特征波长,$n=8$;输出量为样本羊肉 TVB-N 含量标定值,$m=1$。隐含层节点个数 L 的取值为 4 ~ 13。设定 BPANN 模型训练误差为 0.001,网络训练次数为 2 000,多次试验调整网络结构,确定模型最佳参数如下:隐含层激活函数为 logsig,输出层激活函数为 tansig,训练函数为 traingdm,隐含层节点数为 7。根据以上网络参数,建立拓扑结构为 8:7:1 的 3 层 BPANN 模型。模型精度分析结果如图 6.12 所示。

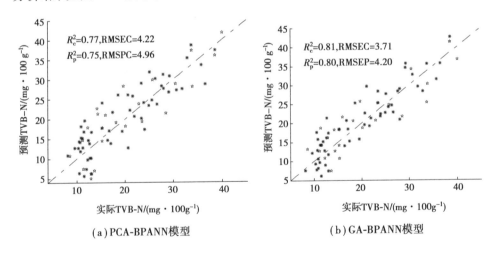

(a)PCA-BPANN模型　　　　　　(b)GA-BPANN模型

图 6.12　羊肉 TVB-N 含量实测值与预测值分布

结果显示,PCA-BPANN 预测模型的拟合精度较低,校正集 R_c^2 和均方根误差 RMSEC 分别为 0.77 和 4.22,预测集 R_p^2 和均方根误差 RMSEP 分别为 0.75 和 4.96。GA-BPANN 模型散点分布较 MDBPSO-BPANN 模型集中,相对贴近 1:1 线。其校正集 R_c^2 和均方根误差 RMSEC 分别为 0.81 和 3.71,预测集 R_p^2 和均方根误差 RMSEP

分别为 0.80 和 4.20,表明该模型在准确度(R^2)和精确度(RMSE)方面均有显著提高。分析认为,PCA 法优选特征波长图像时,主要是针对羊肉高光谱图像的各个特征波长下的图像特征变量进行线性组合分析,特征信息的选择与羊肉 TVB-N 的标定值毫无关联,"开环"方式下特征变量只单向影响模型预测精度,预测结果的优劣信息无法反馈给模型,限制了特征信息的有效提取,导致模型反演精度降低。

羊肉化学组分含氢基团(如 C—H、O—H 和 N—H 等)的合频和倍频吸收信息都包含在样本的谱线信息中,分析羊肉光谱特征则可获取样本化学组分信息。由于特征波长下灰度图像中多点的光谱平均值与该图像的平均灰度级一一对应,因此图像的平均灰度级(m)也是羊肉 TVB-N 等化学组分变化的外在体现。GA 法将模型的反演精度作为特征变量的提取标准,能够更加"智能"地提取特征图像信息,GA 法优选的特征图像信息对羊肉 TVB-N 含量更具表征力。本书以 GA 法优选 100 个特征变量作为每个羊肉样本高光谱图像数据的图像信息进行下一步分析。

6.6 光谱图像信息融合预测模型的建立与分析

上述研究表明,基于光谱特征和图像特征的预测模型都具备一定的预测能力,且光谱特征建模结果优于图像模型。图像模型预测效果较差的原因可能是图像信息更多地反映羊肉表面特征信息的变化,不能很好地表征肉品腐败过程中羊肉内部结构以及组分含量的变化。虽然基于光谱信息建模取得了较好的预测效果,但是图像信息包含有光谱信息所不具备的特征变量。尝试将图像及光谱特征相结合作为 TVB-N 的表征因子,分析图谱融合特征对 TVB-N 模型预测精度的影响。

上述研究中,每个样本提取了 19 个光谱特征变量和 100 个图像特征变量,为了进一步降低特征变量之间的共线性,在建立模型之前,分别对提取的光谱和图像特征变量进行标准化处理及主成分分析,提取贡献率较高的主成分得分向量作为羊肉 TVB-N 预测模型的输入量。考虑羊肉储藏变质过程中 TVB-N 含量的变化是一个复杂的动态过程,在肉品品质变化过程中,肉色、纹理等物理特性及化学组分均相应发生变化,且具有明显的时空分异和非线性特征。对此,为客观地演绎光和肉品组织的相互作用机理,试验采用 3 层结构的 BPANN 建模方法构建基于光谱和图像融合特征的羊肉 TVB-N 含量预测模型。

将 MDBPSO 法提取的 19 个光谱特征变量和 GA 法提取的 100 个图像特征变量进行融合,先将得到 119 个融合特征变量进行主成分分析,并将融合变量的主成分因子作为输入向量构建 BPANN 预测模型,模型参数如下:输入量为 10 个主成分变量,$n = 10$;输出量为样本羊肉 TVB-N 含量标定值,$m = 1$。隐含层节点个数 L 的取值为 $4 \sim 13$。设定 BPANN 模型训练误差为 0.001,网络训练次数为 3 000,多次试验调整网络结构,确定模型最佳参数如下:隐含层激活函数为 logsig,输出层激活函数为 pureline,训练函数为 traingdm,隐含层节点数为 9。根据以上网络参数,建立拓扑结构为 10:9:1 的 3 层 BPANN 模型。不同高光谱图像数据构建的羊肉 TVB-N 模型预测结果见表 6.1。

表 6.1 不同高光谱图像数据构建的羊肉 TVB-N 模型预测结果

模 型	特征变量 个数	最佳主成分 因子数	隐含层 个数	校正集		预测集	
				R_c^2	RMSE	R_p^2	RMSE
MDBPSO-BPANN	19	6	9	0.85	3.14	0.84	3.86
GA-BPANN	100	8	7	0.81	3.71	0.80	4.20
Combination-BPANN	119	10	8	0.87	2.86	0.86	2.93

由表 6.1 可知,MDBPSO-BPANN 光谱模型校正集 R_c^2 和 RMSEC 分别为 0.85 和 3.14,预测集 R_p^2 和 RMSEP 分别为 0.84 和 3.86;GA-BPANN 图像模型校正集 R_c^2 和 RMSEC 分别为 0.81 和 3.71,预测集 R_p^2 和 RMSEP 分别为 0.80 和 4.20,表明光谱特征模型预测效果优于图像模型,高光谱图像数据中的光谱信息比图像信息更能反映羊肉 TVB-N 含量。分析认为,高光谱图像特征信息主要反映了肉品表面颜色及纹理等空间信息,羊肉在腐败过程中其颜色和纹理变化相对缓慢且不易区分,特征图像不能及时、客观地反映这些信息的微弱变化,从而导致图像信息模型的检测精度偏低。光谱信息主要与羊肉内部化学组分含氢基团合频和倍频吸收有关,在羊肉新鲜度变化过程中,肉品蛋白质、脂肪等化学组分含量也相应发生变化,上述变化均能引起羊肉谱线及其峰值的变化,高光谱图像数据光谱信息比图像信息更能反映肉品化学成分的变化,基于光谱信息的预测模型更能表征 TVB-N 含量的变化情况。

另外,基于光谱图像融合的 Combination-BPANN 预测模型优于光谱或者图像的单一传感器信息,尤其是高于单一图像特征的建模结果。分析认为,尽管近红外光谱信息能较好地反映肉品蛋白质、脂肪等化学组分含量的内部特征信息,但无法描述肉品颜色、纹理等外部空间特征信息,图谱信息融合建立的定量分析模型既考虑了羊肉内部成分的化学变化信息,又包含了羊肉表面肉色及纹理的微观物理变化信息,能够更加全面、准确地对羊肉新鲜度进行检测。融合模型比单一传感器模型包含更多反映羊肉新鲜度变化相关信息,融合模型对羊肉 TVB-N 含量的预测效果好于单一传感器模型。研究结果表明,采用的高光谱图像技术进行羊肉新鲜度检测具有一定的可行性。

6.7　本章小结

本章以 MDBPSO 法优选特征变量作为 RFR 和 BPANN 新鲜度预测模型的输入量,并利用袋外均方根误差 $RMSE_{OOB}$ 对 RFR 模型最佳回归子树和分裂特征两个重要参数进行寻优,建立 MDBPSO-BPANN、MDBPSO-RFR 预测模型,研究结果表明,MDBPSO-RFR 模型有较好的预测效果,其校正集 R_c^2 和均方根误差 RMSEC 分别为 0.87 和 3.12,预测集 R_p^2 和均方根误差 RMSEP 分别为 0.85 和 3.56。利用 PCA 法、GA 法优选特征图像特征变量,建立基于颜色和纹理信息融合的 BPANN 模型,并优选最佳羊肉 TVB-N 含量图像特征预测模型。研究结果表明,GA-BPANN 模型的预测效果好于 PCA-BPANN,校正集 R_c^2 和均方根误差 RMSEC 分别为 0.81 和 3.71,预测集 R_p^2 和均方根误差 RMSEP 分别为 0.80 和 4.20。融合 19 个光谱特征和 100 个图像特征建立基于特征层信息融合的羊肉 TVB-N 含量模型,比较光谱或者图像的单一传感器信息的建模效果发现,光谱图像融合的 Combination-BPANN 预测模型优于单一传感器模型。研究表明,图谱特征融合建立的定量分析模型能够更加全面、准确地对羊肉新鲜度进行检测,比单一传感器模型包含更多反映羊肉新鲜度变化的特征信息,采用的高光谱图像技术进行羊肉新鲜度检测具有一定的可行性。

第 7 章
结论与展望

7.1 结　论

本书以不同新鲜度冷鲜羊肉为研究对象,采用可见近红外光谱技术和高光谱成像技术开展了羊肉新鲜度快速检测与判别方法研究。通过分析羊肉变质过程中新鲜度指标的变化规律及指标之间的相关关系,确定表征羊肉新鲜度的关键指标。研究关键指标的可见近红外(350~1 050 nm)最佳光谱检测模型,优选并充分融合关键指标多源光谱特征建立羊肉新鲜度分类模型。在上述研究基础上,进一步拓宽羊肉新鲜度研究谱段,采用近红外高光谱成像系统获取样本935~2 539 nm 范围的近红外光学信息,并以 TVB-N 为主要研究指标对羊肉新鲜度检测方法进行深入研究。探索羊肉 TVB-N 光谱及图像特征优选方法,充分挖掘表征羊肉内部化学成分的光谱特征及颜色、纹理等空间图像特征,并有效融合图谱特征建立更为稳定且精确的羊肉新鲜度预测模型,多方法、多角度地建立基于图谱特征融合的羊肉新鲜度快速检测方法,本书主要取得了以下研究成果:

①研究了冷鲜羊肉腐败变质机理,并通过分析新鲜度指标在羊肉腐败过程中的

变化规律及各指标之间的相关性,确定了将 L*、pH 值、TVB-N 及 TVC 作为羊肉新鲜度的关键指标,为光学信息无损检测技术进行羊肉新鲜度快速检测提供理论依据。

②分析不同新鲜度羊肉的可见近红外光谱(350 ~ 1 050 nm)信息,研究不同预处理方法对羊肉新鲜度 PLSR 预测模型的影响,确定关键新鲜度指标的最佳光谱检测模型,建立了基于全谱段可见近红外光谱信息的羊肉新鲜度预测模型。借助"粗略"结合"精细"的网格搜索方法对 SVM 模型 RBF 核函数进行参数寻优,对比最优 SVM 网络模型与 PLSR 模型对羊肉新鲜度的预测效果,优选出关键新鲜度指标的最佳光谱特征及预测模型。

③分别以 TVB-N 光谱特征和关键新鲜度指标融合特征建立 CART 分类树新鲜度判别模型,并对 Single-CART 和 Combination-CART 模型的预测精度进行验证。结果显示,Single-CART 和 Combination-CART 模型校正集的平均分类准确率均为100%,预测集平均分类准确率分别为 83.33% 和 95.83%。Single-CART 模型对预测集"新鲜""次新鲜""变质"3 个新鲜度级别样本的识别率分别为 88.89%、75% 和85.71%,Combination-CART 模型的识别率分别为 100%、87.5% 和 100%。相较 Single-CART 分类模型,Combination-CART 模型的分类结果更加准确且稳定性更好。研究表明,优选并充分利用多源光谱特征建立羊肉新鲜度分类模型,能更加准确地判别羊肉新鲜度,为开发便携式快速羊肉新鲜度快速检测装置提供理论基础。

④以 TVB-N 为主要研究对象进行羊肉新鲜度预测方法深入研究,提出基于MDBPSO 法的羊肉 TVB-N 近红外特征波长优选方法,在粒子更新方式和惯性权重两个方面对传统离散粒子群算法进行优化,并对比采用 CC 分析法、SPA 法、CARS 法和 DBPSO 法优选特征波长对羊肉 PLSR 模型预测精度的影响,优选表征羊肉TVB-N 含量的最佳近红外光谱特征波长。结果显示,相比其他模型,MDBPSO-PLSR模型在计算效率和预测精度等方面都显著提高,其校正集 R_c^2 和均方根误差 RMSEC分别为 0.82 和 3.61,预测集 R_p^2 和均方根误差 RMSEP 分别为 0.81 和 3.68。

⑤以 MDBPSO 法优选光谱特征作为 RFR 和 BPANN 新鲜度预测模型的输入量,利用袋外均方根误差 $RMSE_{OOB}$ 对 RFR 模型最佳回归子树和分裂特征两个重要参数进行寻优,建立羊肉 TVB-N 的 MDBPSO-BPANN、MDBPSO-RFR 光谱特征预测模型。基于 PCA 法、GA 法优选图像特征分别建立羊肉 TVB-N 含量的 PCA-BPANN 和 GA-

BPANN 图像特征预测模型。结果显示,MDBPSO-RFR 和 GA-BPANN 分别为羊肉 TVB-N 含量的最佳光谱、图像预测模型,表明利用光谱特征建立羊肉新鲜度模型的预测效果优于图像特征模型。

⑥融合 MDBPSO 法提取的 19 个光谱特征和 GA 法提取的 100 个图像特征,并借助 BPANN 模型有效融合图谱信息建立羊肉新鲜度预测模型。结果显示,融合模型的预测效果优于光谱或图像单一传感器模型,能更加全面、准确地反映羊肉新鲜程度。

本书实现了羊肉新鲜度的定量分析和新鲜度等级的定性判别,表明利用光学信息检测技术快速、无损检测羊肉新鲜度具有较高可行性,为实现羊肉品质安全监测提供了技术保障和理论依据。

7.2 展 望

随着光谱技术、计算机技术和自动化技术的应用发展,光学信息检测技术、超声波技术等新型无损检测技术已经在农畜产品品质检测方面有着广泛应用研究,这些新的技术和方法为肉品新鲜度快速、无损检测提供了新思路。本书利用新型无损光学检测技术进行羊肉新鲜度快速预测与判别方法研究,这对提高羊肉市场安全监管效率,提升我国羊肉产业国际竞争力,促进整个肉食品行业的健康快速发展具有重要意义。结合本书研究成果,笔者认为,还有以下几点值得进一步研究:

①本书提出利用 MDBPSO 法提取特征光谱信息,建立了新鲜度指标的 MDBP-SO-RFR 预测模型,相比基于常规特征变量提取方法的光谱检测模型,MDBPSO-RFR 模型虽然在预测精度和复杂度方面有所改善,但特征光谱数据与测定指标之间的内在联系仍然值得深入研究。进一步探索光学信息检测技术进行肉品新鲜度检测机理,将有助于提高模型的解释性与预测精度,有利于光学信息检测手段在肉品品质安全领域得以更好地普及应用。

②本书基于特征层数据融合信息建立羊肉新鲜度预测模型,试验受到样本来源和数量的限制,预测模型的实用性还有待进一步提高。有必要进一步扩大样本代表

性,扩充模型覆盖范围,为模型建立及调整提供依据。尝试更多的光谱及图像数据处理方法,以便从海量光学信息中挖掘更具表征力的特征信息,建立稳定性更好、精确度更高、应用性更强的羊肉新鲜度预测及判别模型。

③本书研究了 L^*、pH 值、TVB-N 和 TVC 4 个羊肉关键新鲜度指标的高光谱特征波长,后续研究可对硬件检测系统进行简化。依据各指标特征波长选择相应滤光片,结合 FPGA、嵌入式系统等硬件开发技术设计便携式检测设备或多光谱快速检测系统,以降低研究成本并提高检测效率,实现羊肉新鲜度的快速无损检测。

参考文献

[1] 李军,金海.2018年肉羊产业发展概况、未来趋势及对策建议[J].中国畜牧杂志,2019,55(03):138-145.

[2] 刘瑶.我国羊肉产业现状及未来发展趋势[J].中国饲料,2019(17):112-117.

[3] 任慧,林海,李军.中国羊肉进口现状及其对肉羊产业的影响分析[J].农业贸易展望,2017(6):69-74.

[4] 吕晓敏.内蒙古肉羊产业发展现状及问题研究[J].内蒙古科技与经济,2015(5):327-328.

[5] 金海.中国肉羊产业发展实践回顾与战略思考[J].内蒙古大学学报,2019,50(4):460-465.

[6] 王丽,刘兆丰,励建荣.近红外光谱技术快速检测猪肉新鲜度指标的方法研究[J].中国食品学报,2012,12(6):159-165.

[7] 张凯华,臧明伍,王守伟,等.基于光谱技术的畜禽肉新鲜度评价方法研究进展[J].肉类研究,2016,30(1):30-35.

[8] 杨志敏.应用近红外光谱技术快速检测原料肉新鲜度及掺假的研究[D].杨凌:西北农林科技大学,2011.

[9] 周英,杜杰.电子鼻工作原理及在肉品检测中的应用[J].肉品安全与检测,2016(4):42-45.

［10］石丽敏，黄岚，梁志宏. 冷鲜猪肉的新鲜度评价研究进展［J］. 肉类研究，2011（25）：40-43.

［11］耿爱琴，郑国锋. 浅述肉类新鲜度的检测方法［J］. 肉类工业，2006（12）：37-39.

［12］侯瑞峰，黄岚，王忠义. 肉品新鲜度检测方法［J］. 现代科学仪器，2005（5）：76-79.

［13］蒋丽施. 肉品新鲜度的检测方法［J］. 肉类研究. 2011（1）：46-49.

［14］FUNAZAKI N, HEMMI A, ITO S, et al. Application of semiconductor gas sensor to quality control of meat freshness in food Industry［J］. Sensors and Actuators B (Chemical)，1995，25（1-3）：797-800.

［15］彭涛，许建平，付童生，等. 电导率测定对猪肉新鲜度的判定［J］. 黑龙江畜牧兽医，1997（10）：8-9.

［16］RUSSELL S, WALKER J. The effect of evisceration on visible contamination and the microbiological profile of fresh broiler chicken carcasses using the Nu-Tech E-visceration System or the conventional Streamlined Inspection System［J］. Poultry Science，1997，76（5）：780-784.

［17］栗绍文，包华君，孟宪荣. 过氧化物酶反应试纸法检验肉新鲜度试验［J］. 中国兽医杂志，2003，10（39）：46-47.

［18］彭彦昆，张海云. 生鲜肉品质安全无损伤检测技术研究进展［J］. 中国食物与营养，2011，17（10）：5-10.

［19］BRØNDUM J, EGEBO M, AGERSKOV C, et al. On-line pork carcass grading with the Autofom ultrasound system［J］. Journal of Animal Science，1998，76（7）：1859-1868.

［20］FORTIN A, TONG A K W, Robertson W M, et al. A novel approach to grading pork carcasses：computer vision and ultrasound［J］. Meat Science，2003，63（4）：451-462.

［21］RINCKER P J, KILLEFER J, ELLIS M, et al. Intramuscular fat content has little influence on the eating quality of fresh pork loin chops［J］. Journal of Animal Science，2008，86（3）：730-737.

[22] 唐善虎, 李思宁, 巴琳惠. 超声波快速腌制法对牦牛肉理化和感官特性的影响[J]. 西南民族大学学报: 自然科学版, 2017, 43(5):456-461.

[23] PRADOS M, GARCÍA-PéREZ J V, BEBEDITO J. Non-destructive salt content prediction in brined pork meat using ultrasound technology [J]. J Food Eng, 2015 (154):39-48.

[24] 刘朝鑫, 李明, 甘富航, 等. 注水肉超声波无损检测装置及特征阈值的提取[J]. 食品与机械, 2017, 33(4):70-74.

[25] 彭彦昆, 张雷蕾. 农畜产品品质安全光学无损检测技术的进展和趋势[J]. 食品安全质量检测学报, 2012, 3(6):560-568.

[26] 黄玉萍, 陈桂云, 夏建春, 等. 注水肉无损检测技术现状与发展趋势分析[J]. 农业机械学报, 2016, 46(1):207-215.

[27] BERTRAM H C, ERSEN H J. Applications of NMR in meat science[J]. Annual Reports on NMR Spectroscopy, 2004, 53(4):157-202.

[28] MORSY N, SUN D W. Robust linear and non-linear models of NIR spectroscopy for detection and quantification of adulterants in fresh and frozen-thawed minced beef[J]. Meat Science, 2013, 93(2):292-302.

[29] 赵婷婷, 王欣, 卢海燕, 等. 基于低场核磁共振(LF-NMR)弛豫特性的油脂品质检测研究[J]. 食品工业科技, 2014 (12):58-65.

[30] POPESCU R, COSTINEL D, DINCA O R, et al. Discrimination of vegetable oils using NMR spectroscopy and chemometrics[J]. Food Control, 2015, 48:84-90.

[31] MAGWAZA L S, LANDAHL S, CRONJE P J R, et al. The use of Vis/NIRS and chemometric analysis to predict fruit defects and postharvest behaviour of 'Nules Clementine' mandarin fruit[J]. Food Chemistry, 2014(163):267-274.

[32] KIM J, JUNG Y, SONG B, et al. Discrimination of cabbage (Brassica rapa ssp pekinensis) cultivars grown in different geographical areas using H-1 NMR-based metabolomics[J]. Food Chemistry, 2013, 137(1-4):68-75.

[33] RIBEIRO R D O R, MÁRSICO E T, Carneiro C D S, et al. Detection of honey adulteration of High Fructose Corn Syrup by Low field Nuclear Magnetic Resonance (LF 1H NMR)[J]. Journal of Food Engineering, 2014(135):39-43.

［34］ LATORRE C H, CRECENTE R M P, MARTIN S G, et al. A fast chemometric procedure based on NIR data for authentication of honey with protected geographical indication［J］. Food Chemistry, 2013, 141(4):3559-3565.

［35］ HAZLRWOOD C F, NICHOLS B L. Evidence for the existence of a minimum of two phases so ordered water in skeletal muscle［J］. Nature, 1969(222):24-32.

［36］ 王佳慧, 艾竹君, 冯蔚旭, 等. 应用低场核磁共振技术检测注水肉的探讨［J］. 农产品加工, 2018(11):42-51.

［37］ 盖圣美, 张中会, 邹玉峰, 等. 利用低场核磁共振检测分析注水猪肉水分子弛豫特性［J］. 食品安全质量检测学报, 2017, 8(6):1980-1986.

［38］ 王欣, 王志永, 陈利华, 等. 注水肉糜的低场核磁弛豫特性及判别分析［J］. 现代食品科技, 2016, (5):79-84.

［39］ TAN M, LIN Z, ZU Y, et al. Effect of multiple freeze-thaw cycles on the quality of instant sea cucumber:emphatically on water status of by LF-NMR and MRI［J］. Food Res Int, 2018 (109):65-67.

［40］ WANG X, GENG L, XIE J, et al. Relationship between water migration and quality changes of yellowfin tuna (Thunnus albacares) During Storage at 0℃ and 4℃ by LF-NMR［J］. J Aquat Food Prod Technol, 2017, 27(1):1-13.

［41］ 任小青, 于弘慧, 马俪珍. 利用 LF-NMR 研究猪肉糜冷藏过程中品质的变化［J］. 食品研究与开发, 2015 (15):120-123.

［42］ SHAO J H, DENG Y M, SONG L, et al. Investigation the effects of protein hydration states on the mobility water and fat in meat batters by LF-NMR technique ［J］. Lebensmittel-Wissenschaft und-Technologie, 2016 (66):1-6.

［43］ 庞之列, 殷燕, 李春保. 解冻猪肉品质和基于 LF-NMR 技术的检测方法［J］. 食品科学, 2014, 35(24):219-223.

［44］ LI M, LI B, ZHANG W. Rapid and non-invasive detection and imaging of the hydrocolloid-injected prawns with low-field NMR and MRI ［J］. Food Chem, 2018 (242):16-21.

［45］ Bertram H C, Andersen R H, Andersen H J. Development in myofibrillar water distribution of two pork qualities during 10-monthfreezer storage ［J］. Meat Sci,

2007, 75(1):128-133.

[46] Hullberg A, Bertram H C. Relationships between sensory perception and water distribution determined by low-field NMR T2, relaxation in processed pork-impact of tumbling and RN_allele [J]. Meat Sci, 2005, 69(4):709-720.

[47] LI C, LIU D, ZHOU G, et al. Meat quality and cooking attributes of thawed pork with different low field NMR T(21) [J]. Meat Sci, 2012, 92(2):79-83.

[48] 肖虹, 谢晶. 不同贮藏温度下冷却肉品质变化的实验研究[J]. 制冷学报, 2009(3):40-45.

[49] 程天赋, 蒋奕, 张翼飞, 等. 基于低场核磁共振研究不同解冻方式对冻猪肉食用品质的影响[J]. 食品科学, 2019, 40(7):20-26.

[50] 程天赋, 俞龙浩, 蒋奕, 等. 基于低场核磁共振探究解冻过程中肌原纤维水对鸡肉食用品质的影响[J]. 食品科学, 2019, 40(9):16-22.

[51] 盖圣美, 游佳伟, 张中会, 等. 低场核磁共振技术在肉类品质安全分析检测中的应用[J]. 食品安全质量检测学报, 2018, 9(20):5294-5300.

[52] PERSAUD K. Analysis of discrimination mechanisms in themammalian olfactory system usingamodel nose[J]. Nature, 1982(299):352-355.

[53] JIA W, LIANG G, WANG Y, et al. Electronic noses as a powerful tool for sssessing meat quality: a mini review[J]. Food Analytical Methods, 2018, 11(10): 2916-2924.

[54] 黄林. 基于单一技术及多信息融合技术的猪肉新鲜度无损检测研究[D]. 镇江:江苏大学, 2013.

[55] 李璐. 电子鼻结合 GC-MS 对羊肉掺假鸭肉的快速检测[D]. 杨凌:西北农林科技大学, 2016.

[56] 贾洪锋, 卢一, 何江红, 等.电子鼻在牦牛肉和牛肉猪肉识别中的应用[J].农业工程学报, 2011, 27(5):358-363.

[57] MIGUEL P, LAURA E G. Electronic noses and tongues to assess food authenticity and adulteration[J]. Trends in Food Science & Technology, 2016, 58(1):40-54.

[58] 江津津, 姚正晓, 韩明, 等. 基于味指纹技术的牛奶香精鉴别研究 [J]. 现代食品科技, 2016, 32(7):237-242.

［59］ ARNOLD J W, SENTER S D. Use of digital aroma technology and SPME GC-MS to compare volatile compounds produced by bacteria isolated from processed poultry ［J］. Journal of the Science of Food and Agriculture, 1998, 78(3):343-348.

［60］ HONG X Z, WANG J, HAI Z. Discrimination and prediction of multiple beef freshness indexes based on electronic nose ［J］. Sensors and Actuators B:Chemical, 2012, 161(1):381-389.

［61］ PAPADOPOULOU O S, PANAGOU E Z, MOHAREB F R, et al. Sensory and microbiological quality assessment of beef fillets using a portable electronic nose in tandem with support vector machine analysis［J］. Food Research International, 2013, 50(1):241-249.

［62］ HAN Y X, WANG X D, CAI Y X, et al. Sensorarray-based evaluation and grading of beef taste quality［J］. Meat Science, 2017, 129(1):38-42.

［63］ WANG C B, YANG J, ZHU X Y, et al. Effects of Salmonella bacteriophage, nisin and potassium sorbate and their combination on safety and shelf life of fresh chilled pork［J］. Food Control, 2017, 73(Part B):869-877.

［64］ 王彦闯. 基于 BP 神经网络的猪肉新鲜度检测方法［J］. 计算机应用与软件, 2011, 28(9):82-84.

［65］ PAPADOPOULOU O S, TASSOU C C, SCHIAVO L, et al. Rapid assessment of meat quality by means of an electronic nose and support vector machines ［J］. Procedia Food Sci, 2011(1):2003-2006.

［66］ MUSATOV V Y, SYSOEV V V, SOMMER M, et al. Assessment of meat freshness with metal oxide sensor microarray electronic nose:A practical approach［J］. Sensors and Actuators:B Chemical, 2010, 144(1):99-103.

［67］ LIMBO S, TORRI L, SINELH N, et al. Evaluation and predictive modeling shelf life of minced beef stored in high-oxygen modified atmosphere packaging at different temperatures ［J］. Meat Sci, 2010, 84(1):129-136.

［68］ WANG D, WANG X, LIU T, et al. Prediction of total viable counts on chilled pork using an electronic nose combined with support vector machine［J］. Meat Science, 2011, 90(2):373-377.

[69] 张淼,何江红,贾洪锋. 电子鼻在调理牦牛肉新鲜度识别中的应用[J]. 食品研究与开发, 2014, 35(11):89-92.

[70] 罗章,辜雪冬,马美湖,等. 牦牛肉气味指纹分析及其在鲜度评价中的应用[J]. 中国食品学报, 2019, 19(9):245-254.

[71] 王婧,李璐,王佳奕,等. 电子鼻结合气相色谱-质谱法对宁夏小尾寒羊肉中鸭肉掺假的快速检测[J]. 食品科学, 2017, 38(20):222-228.

[72] 杨爽,白雪,孟鑫. 电子鼻结合 GC-MS 检测鸡肉蛋白酶对鸡肉风味的影响[J]. 食品工业科技, 2018, 39(13):252-256.

[73] 张迪雅,谢丹婷,李哗. 应用电子鼻和GC-MS比较牛肉不同部位的挥发性物质组成[J]. 食品工业科技, 2017, 38, (21):241-246.

[74] 姚璐,丁亚明,马晓钟,等. 基于电子鼻技术的金华火腿鉴别与分级[J]. 食品与生物技术学报, 2012, 31(10):1051-1056.

[75] 张娟,张申,张力,等. 电子鼻结合统计学分析对牛肉中猪肉掺假的识别[J]. 食品科学, 2018, 39(4):296-300.

[76] 汤旭翔,刘伟,韩圆圆,等. 基于电子鼻和非线性数据特征分析的鸡肉鲜度检测方法[J]. 传感技术学报, 2014, 27(10):1443-1446.

[77] ZHOU X L, LI Q, ZHA E H. The application of electronic nose in adulterated minced beef identification [J]. Sci Technol Food Ind, 2017, 4:31-34.

[78] 董福凯,周秀丼,查恩辉. 电子鼻在掺假牛肉卷识别中的应用[J]. 食品工业科技,2018, 39(4):219-222.

[79] 李芳,孙静,黄沁怡,等. 禽肉风味指纹和识别模型的建立[J]. 中国食品学报, 2014, 14(2):255-260.

[80] 周秀丽. 电子鼻在掺假牛肉馅识别中的应用[J]. 食品工业科技, 2017, 4(38):74-80.

[81] GIL L, BARAT J M, BAIGTS D, et al. Monitoring of physical-chemical and microbiological changes in fresh pork meat under cold storage by means of a potentiometric electronic tongue[J]. Food Chemistry, 2011, 126(3): 1261-1268.

[82] 易宇文,范文教,贾洪峰,等. 基于电子舌的微冻缝鱼新鲜度识别研究[J]. 食品与机械, 2014, 30(2):142-145.

［83］HADDI Z, BARBRI E, TAHRI K, et al. Instrumental assessment of red meat ori-
gins and their storage time using electronic sensing systems［J］. Analytical Meth-
ods, 2015, 7(12):5193-5203.

［84］王霞, 徐幸莲, 王鹏. 基于电子舌技术对鸡肉肉质区分的研究［J］. 食品科学,
2012, 33(21):100-103.

［85］田晓静, 王俊, 崔绍庆. 羊肉纯度电子舌快速检测方法［J］. 农业工程学报,
2013, 29(20):255-262.

［86］ZHANG X Z, ZHANG Y W, MENG Q X, et al. Evaluation of beef by electronic
tongue system TS-5000Z:flavor assessment, recognition and chemical compositions
according to its correlation with flavor［J］. PLoS ONE, 2015, 10(9):e0137807.

［87］孙永海, 赵锡维, 鲜于建川. 基于计算机视觉的冷却牛肉新鲜度评价方法田
［J］. 农业机械学报, 2004, 35(1):104-107.

［88］CHANDRARATNE M R, SAMARASINGHE S, KULASIRI D, et al. Prediction of
lamb tenderness using image surface texture features［J］. Journal of food engineer-
ing, 2006, 77(3): 492-499.

［89］JACKMAN P, SUN D W, DU C J, et al. Prediction of beef eating qualities from
colour, marbling and wavelet surface texture features using homogenous carcass
treatment［J］. Pattern Recognition, 2009, 42(5):751-763.

［90］郭培源, 曲世海, 毕松. 基于直方图变换的猪肉新鲜度检测技术［J］. 微计算
机信息, 2008, 24(6):241-243.

［91］郭培源, 毕松. 基于神经网络的猪肉新鲜度检测分级系统［J］. 农机化研究,
2010 (6):109-113.

［92］陈坤杰, 孙鑫, 陆秋玫. 基于计算机视觉和神经网络的牛肉颜色自动分级
［J］. 农业机械学报, 2009, 40(4):173-178.

［93］周彤, 彭彦昆. 牛肉大理石花纹图像特征信息提取及自动分级方法［J］. 农业
工程学报, 2013, 29(15):286-293.

［94］CHEN K, SUN X, QIN C, et al. Color grading of beef fat by using computer vi-
sion and support vector machine［J］. Computers and Electronics in Agriculture,
2010, 70(1):27-32.

[95] 张哲, 王楚端, 王立贤, 等. 计算机视觉技术在猪眼肌肌内脂肪含量测定中的应用[J]. 猪业科学, 2006(2):24-25.

[96] CHMIEL M, SLOWINSKI M, DASIEWICZ K. Application ofestimation of fat content in poultry meat[J]. Food Control, 2011, 22(8):1424-1427.

[97] 张萍萍. 计算机视觉技术在肉品质量评定中的应用研究[D]. 北京: 中国农业大学, 2004.

[98] 潘婧, 钱建平, 刘寿春, 等. 计算机视觉用于猪肉新鲜度检测的颜色特征优化选取[J]. 食品与发酵工业, 2016(6):153-158.

[99] 姜沛宏, 张玉华, 钱乃余, 等. 基于机器视觉技术的肉新鲜度分级方法研究[J]. 食品安全与检测, 2015, 40(3):296-300.

[100] LIN H, CHEN Q, ZHAO J, et al. Nondestructive detection of total volatile basic nitrogen (TVB-N) content in pork meat by integrating hyperspectral imaging and colorimetric sensor combined with a nonlinear data fusion[J]. LWT-Food Science and Technology, 2015, 63(1):268-274.

[101] HUANG X W, ZOU X B, ZHAO J W, et al. Sensing the quality parameters of Chinese traditional Yao-meat by using a colorimetric sensor combined with genetic algorithm partial least squares regression[J]. Meat Science, 2014, 98(2): 203-210.

[102] MENG X, SUN Y, NI Y, et al. Evaluation of beef marbling grade based on advanced watershed algorithm and neural network[J]. Advance Journal of Food Science and Technology, 2014, 6(2):206-211.

[103] SUN X, CHEN K J, Maddock-Carlin K R, et al. Predicting beef tenderness using color and multispectral image texture features[J]. Meat Science, 2012, 92(4): 386-393.

[104] RANASINGHESAGARA J, NATH T M, WELLS S J, et al. Imaging optical diffuse reflectance in beef muscles for tenderness prediction[J]. Meat Science, 2010, 84(3):413-421.

[105] 陈坤杰, 孙鑫, 陆秋琐. 基于计算机视觉和神经网络的牛肉颜色自动分级[J]. 农业机械学报, 2009(4):173-178.

[106] SUN X, CHEN K, BERG E P, et al. Predicting Fresh Beef Color Grade Using Machine Vision Imaging and Support Vector Machine (SVM) Analysis[J]. Journal of Animal&Veterinary Advances, 2011, 10(12):1504-1511.

[107] 赵杰文,邹小波,刘木华. 牛肉胴体质量的计算视觉检测分析方法及装置:中国, 1603801A[P]. 2005-04-06.

[108] 李可,闫路辉,赵颖颖,等. 拉曼光谱技术在肉品加工与品质控制中的研究进展[J]. 食品科学, 2019, 40(23): 298-304.

[109] SOWOIDNICH K, SCHMIDT H, MAIWALD M, et al. Application of Diode-Laser Raman Spectroscopy for In situ Investigation of Meat Spoilage[J]. Food and Bioprocess Technology, 2010, 3(6):878-882.

[110] SOWOIDNICH K, KRONFELDT H D. Shifted excitation Raman difference spectroscopy at multiple wavelengths for in-situ meat species differentiation[J] Applied physics B, 2012, 108(4):975-982.

[111] WACKERBARTH H, KUHLMANN U, TINTCHEV F, et al. Structural changes of myoglobin in pressure-treated pork meat probed byresonance raman spectroscopy[J]. Food Chemistry, 2009, 115(4):1194-1198.

[112] OLSEN E F, BAUSTAD C, BJØRG E, et al. Long-term stability of a Raman instrument determining iodine value in pork adipose tissue[J]. Meat Science, 2010, 85(1):1-6.

[113] 刘琦,金尚忠,毛晓婷. 基于拉曼散射的猪肉品质检测方法[J]. 食品工业, 2017, 38(1): 281-285.

[114] DANIEL T, BERHE A, ANDERS J, et al. Accurate determination of endpoint temperature of cooked meat after storage by Raman spectroscopy and chemometrics[J]. Food Control, 2015(52):119-125.

[115] SCHMIDT H, SOWOIDNICH K, Kronfeldt H D. A Prototype Hand-Held Raman Sensor for the in SituCharacterization of Meat Quality[J]. Applied Spectroscopy, 2010, 64(8):888-894.

[116] 王成程,韩国全,张琴. 肉及肉制品真伪鉴别技术研究进展[J]. 食品安全质量检测学报, 2018, 9(22): 5930-5935.

[117] BIASIO M D, STAMPFE R P, LEITNER R, et al. Micro-Raman spectroscopy for meat type detection[C]//Next-Generation Spectroscopic Technologies Ⅷ. America: International Society for Optics and photonics, 2015.

[118] ZAJAC A, HANUZA J, DYMINSKA L. Raman spectroscopy in determination of-horse meat content in the mixture with other meats [J]. Food Chem, 2014(156): 333-338.

[119] BOYACI I H, TEMIZ H T, UYSAL R S, et al. A novel method for discrimina-tionof beef and horsemeat using Raman spectroscopy [J]. Food Chem, 2014 (148):37-41.

[120] ZHAO M, DOWNEY G, O'DONNELL C P. Dispersive Raman spectroscopy and multivariate data analysis to detect offal adulteration of thawed beefburgers[J]. Journal of Agricultural and Food Chemistry, 2015, 63 (5):1433-1441.

[121] 周亚玲. 基于拉曼光谱技术的掺鸡肉牛肉馅快速判别方法[J]. 肉类研究, 2018, 32(5): 26-29.

[122] 陶进江, 潘桂根, 刘木华. 基于表面增强拉曼光谱的鸭肉中己烯雌酚残留检测[J]. 食品与机械, 2019,35(2): 82-87.

[123] 李耀, 刘木华, 袁海超. 表面增强拉曼光谱法测定鸭肉中氧氟沙星残留[J]. 分析科学学报, 2018,34(3): 367-371.

[124] 尚丽平, 杨仁杰. 现场荧光光谱技术及其应用[M]. 北京:科学出版社, 2009.

[125] 任梦佳. 冷鲜猪肉新鲜度的三维荧光光谱无损检测方法[D]. 杭州:浙江大学, 2017.

[126] 汪希伟, 赵茂程, 居荣华, 等. 基于紫外荧光成像对包装鲜猪肉存储时间预测研究[J]. 包装与食品机械, 2011, 29(6):5-8.

[127] PU Y, WANG W, Alfano R. Optical detection of meat spoilage using fluores-cence spectroscopy with selective excitation wavelength[J]. Applied Spectrosco-py, 2013, 67(2):210-213.

[128] OTO N, OSHITA S, MAKINO Y, et al. Non-destructive evaluation of ATP and plate count on pork meat surface by fluorescence spectroscopy[J]. Meat Science,

2013, 93(3):579-585.

[129] SHIRAI H, OSHITA S, MAKINO Y, et al. Nondestructive Hygiene Monitoring on Pork Meat Surface Using Excitation-Emission Matrices with Two-Dimensional Savitzky-Golay Second-Order Differentiation[J]. Food and Bioprocess Technology, 2014, 7(12):3455-3465.

[130] ELMASRY G, NAGAI H, MORIA K, et al. Freshness estimation of intact frozen fish using fluorescence spectroscopy and chemometrics of excitation-emission matrix[J]. Talanta, 2015, 143(1):145-156.

[131] BEN-GERA I, NORRIS K H. Direct spectrophotometric determination of fat and moisture in meat products[J]. Journal of Food Science, 1968, 33(1):64.

[132] TALENS P, MORA L, MORSY N, et al. Prediction of water and protein contents and quality classification of Spanish cooked ham using NIR hyperspectral imaging [J]. Journal of food engineering, 2013, 117(3):272-280.

[133] BARBIN D F, ELMASRY G, SUN D W, et al. Non-destructive determination of chemical composition in intact and minced pork using near-infrared hyperspectral imaging[J]. Food Chemistry, 2013, 138(2-3):1162-1171.

[134] YANG D, HE D, LU A, et al. Combination of spectral and textural information of hyperspectral imaging for the prediction of the moisture content and storage time of cooked beef[J]. Infrared physics & Technology, 2017(83):206-216.

[135] LIU D, QU J, SUN D W, et al. Non-destructive prediction of salt contents and water activity of porcine meat slices by hyperspectral imaging in a salting process [J]. Innovative Food Science & Emerging Technologies, 2013, 20(Complete): 316-323.

[136] LIU D, SUN D W, QU J H, et al. Feasibility of using hyperspectral imaging to predict moisture content of porcine meat during salting process[J]. Food Chemistry, 2014(152):197-204.

[137] ISHIKAWA D, UENO G, FUJII T. The study on the quality evaluation method for beef cut by using visible and near infrared spectroscopies[J]. Engineering in Agriculture, Environment and Food, 2016, 9(2):195-199.

［138］KAMRUZZAMAN M, MAKINO Y, OSHITA S. Hyperspectral imaging for real-time monitoring of water holding capacity in red meat［J］. LWT-Food Science and Technology, 2016(66):685-691.

［139］KAMRUZZAMAN M, MAKINO Y, OSHITA S. Parsimonious model development for real-time monitoring of moisture in red meat using hyperspectral imaging［J］. Food Chemistry, 2015, 196(3):1084-1091.

［140］MA J, SUN D W, PU H B. Spectral absorption index in hyperspectral image analysis for predicting moisture contents in pork longissimus dorsi muscles［J］. Food Chemistry, 2016(197):848-854.

［141］刘善梅, 李小星, 钟雄斌, 等. 基于高光谱成像技术的生鲜猪肉含水率无损检测［J］. 农业机械学报, 2013, 44(1):164-170.

［142］刘娇, 李小昱, 郭小许, 等. 不同品种间的猪肉含水率高光谱模型传递方法研究［J］. 农业工程学报, 2014(17):276-284.

［143］石力安, 郭辉, 彭彦昆, 等. 牛肉含水率无损快速检测系统研究［J］. 农业机械学报, 2015, 46(07):203-209.

［144］LOHUMI S, LEE S, LEE H, et al. Application of hyperspectral imaging for characterization of intramuscular fat distribution in beef［J］. Infrared physics & Technology, 2016(74):1-10.

［145］BARBIN D F, ELMASRY G, SUN D W, et al. Near-infrared hyperspectral imaging for grading and classification of pork［J］. Meat Science, 2012, 90(1):259-268.

［146］BARBIN D F, ELMASRY G, SUN D W, et al. Predicting quality and sensory attributes of pork using near-infrared hyperspectral imaging［J］. Analytica Chimica Acta, 2012(719):30-42.

［147］BARBIN D F, KAMINISHIKAWAHARA C M, SOAVES A L, et al. Prediction of chicken quality attributes by near infrared spectroscopy［J］. Food Chemistry, 2015, 168:554-560.

［148］ELMASRY G, SUN D W, ALLEN P. Non-destructive determination of water-holding capacity in fresh beef by using NIR hyperspectral imaging［J］. Food Research International, 2011, 44(9):2624-2633.

[149] ELMASRY G, SUN D W, ALLEN P. Near-infrared hyperspectral imaging for predicting colour, pH and tenderness of fresh beef[J]. Journal of Food Engineering, 2012, 110(1):127-140.

[150] ELMASRY G, SUN D W, ALLEN P. Chemical-free assessment and mapping of major constituents in beef using hyperspectral imaging[J]. Journal of food engineering, 2013, 117(2):235-246.

[151] Kamruzzaman M, Eimasry G, Sun D W, et al. Non-destructive prediction and visualiza-tion of chemical composition in lamb meat using NIR hyperspectral imaging and multivaria teregression[J]. Innovative Food Science and Emerging Technologies, 2012, 16:218-226.

[152] 李学富, 何建国, 王松磊, 等. 应用NIR高光谱成像技术检测羊肉脂肪和蛋白质质量分数[J]. 宁夏工程技术, 2013, 12(3):229-232.

[153] 王家云. 基于光谱图像信息融合技术的滩羊肉嫩度无损检测研究[D]. 银川:宁夏大学, 2015.

[154] 王家云, 王松磊, 贺晓光, 等. 基于NIR高光谱图像技术的滩羊肉内部品质无损检测[J]. 现代食品科技. 2014, 30(6):257-262.

[155] BARBIN D F, ELMASRY G, SUN D W, et al. Non-destructive assessment of microbial contamination in porcine meat using NIR hyperspectral imaging [J]. Innovative Food Science&Emerging Technologies, 2013(17):180-191.

[156] ALSHEJARI A, KODOGIANNIS V S. An intelligent decision support system for the detection of meat spoilage using multispectral images[J]. Neural Comput & Applic,2017(28):3903-3920.

[157] HE H J, SUN D W, WU D. Rapid and real-time prediction of lactic acid bacteria (LAB) in farmed salmon flesh using near-infrared (NIR) hyperspectral imaging combined with chemometric analysis[J]. Food Research International, 2014, 62:476-483.

[158] HE H J, SUN D W. Toward enhancement in prediction of Pseudomonas counts distribution in salmon fillets using NIR hyperspectral imaging[J]. LWT-Food Sci-

ence and Technology, 2015, 62(1):11-18.

[159] YE X G, Iino K, ZHANG S H, et al. Monitoring of bacterial contamination on chicken meat surface using a novel narrowband spectral index derived from hyperspectral imagery data[J]. Meat Science, 2016(122):25-31.

[160] 李文采, 刘飞, 田寒友, 等. 基于高光谱成像技术的鸡肉菌落总数快速无损检测[J]. 肉类研究, 2017, 31(3):35-39.

[161] 谷芳, 曾智伟, 郭康权, 等. 基于近红外光谱的猪肉细菌菌落总数的动力学模型[J]. 中国农业大学学报, 2013, 18(03):152-156.

[162] TAO F F, PENG Y K. A method for nondestructive prediction of pork meat quality and safety attributes by hyperspectral imaging technique[J]. Journal of Food Engineering, 2014(126):98-106.

[163] HUANG L, ZHAO J W, CHEN Q S. Rapid detection of total viable count (TVC) in pork meat by hyperspectral imaging[J]. Food Research International, 2013, 54:821-828.

[164] 赵俊华, 郭培源, 邢素霞, 等. 基于高光谱成像的腊肉细菌总数预测建模方法研究[J]. 中国调味品, 2016, 41(2):74-78.

[165] 张雷蕾. 冷却肉微生物污染及食用安全的光学无损评定研究[D]. 北京:中国农业大学, 2015.

[166] 郑彩英, 郭中华, 金灵. 高光谱图像技术检测冷却羊肉表面细菌总数[J]. 激光技术, 2015, 02:284-288.

[167] KAMRUZZAMAN M, MAKINO Y, OSHITA S. Rapid and non-destructive detection of chicken adulteration in minced beef using visible near-infrared hyperspectral imaging and machine learning[J]. Journal of Food Engineering, 2015, 170(7):8-15.

[168] KAMRUZZAMAN M, Sun D W, ELMASRY G, et al. Fast detection and visualization of minced lamb meat adulteration using NIR hyperspectral imaging and multivariate image analysis[J]. Talanta, 2013(103):130-136.

[169] MORSY N, Sun D W. Robust linear and non-linear models of NIR spectroscopy for detection and quantification of adulterants in fresh and frozen-thawed minced

beef[J]. Meat Science, 2013, 93(2):292-302.

[170] ROPODI A I, PANAGOU E Z, NYCHAS G J E. Multispectral imaging (MSI):A promising method for the detection of minced beef adulteration with horsemeat [J]. Food Control, 2017(73),Part A:57-63.

[171] ROPODI A I, PAVLIDIS D E, MOHAREB F, et al. Multispectral image analysis approach to detect adulteration of beef and pork in raw meats[J]. Food Research International, 2015(67):12-18.

[172] ZHAO M, DOWNEY G, O'DONNELL, et al. Detection of adulteration in fresh and frozen beefburger products by beef offal using mid-infrared ATR spectroscopy and multivariate data analysis[J]. Meat Science, 2014, 96(2):1003-1011.

[173] ZHENG X C, LI Y Y, WEI W S. Detection of adulteration with duck meat in minced lamb meat by using visible near-infrared hyperspectral imaging[J]. Meat Science, 2019(149):55-62.

[174] 白亚斌. 基于高光谱技术的牛肉-猪肉掺假检测[J]. 海南师范大学学报:自然科学版, 2015, 28(3):270-273.

[175] 张丽华, 相启森, 李顺峰, 等. 基于支持向量机的近红外光谱技术鉴别掺假牛肉[J]. 西北农林科技大学学报:自然科学版, 2016, 44(12):201-205.

[176] 蒋祎丽, 郝莉花, 张丽华, 等. 猪肉糜中掺鸡肉的近红外光谱快速定性判别方法研究[J]. 食品科技, 2014, 39(11):319-326.

[177] 王伟, 姜洪喆, 贾贝贝, 等. 基于高光谱成像的生鲜鸡肉糜中大豆蛋白含量检测[J]. 农业机械学报, 2019, 50(12):357-364.

[178] 刘卫东, 毛晓婷, 金怀洲, 等. 利用成像光谱仪识别猪肉和牛肉[J]. 中国计量学院学报, 2015, 26(2):178-193.

[179] 杨晓忱. 基于高光谱成像技术的不同品种羊肉识别方法研究[D]. 银川:宁夏大学, 2015.

[180] REIS M M, ROSENVOLD K. Early on-line classification of beef carcasses based on ultimate pH by near infrared spectroscop[J]. Meat science, 2014, 96(2):862-869.

[181] REIS M M, MARTINEZ E, SAITUA E, et al. Non-invasive differentiation be-

tween fresh and frozen/thawed tuna fillets using near infrared spectroscopy (Vis-NIRS)[J]. LWT-Food Science and Technology, 2017(78):129-137.

[182] LV H, XU W, YOU J, et al. Classification of freshwater fish species by linear discriminant analysis based on near infrared reflectance spectroscopy[J]. Journal of Near Infrared Spectroscop3, 2017, 25(1):54-62.

[183] NUBIATO K E Z, MAZON M R, ANTONELO D S, et al. Classifying of Nellore cattle beef on Normal and DFD applying a non conventional technique[J]. Infrared physics and Technology, 2016(78):195-199.

[184] 孟一, 张玉华, 许丽丹, 等. 近红外光谱技术对猪肉注水、注胶的快速检测[J]. 食品科学, 2014, 35(8):299-303.

[185] 唐鸣, 田潇瑜, 王旭, 等. 基于近红外特征波段的注水肉识别模型研究[J]. 农业机械学报, 2018, 49(增刊1):440-446.

[186] 王文秀, 彭彦昆, 郑晓春, 等. 便携式猪肉营养组分无损实时检测装置研究[J]. 农业机械学报, 2017, 48(9):303-311.

[187] PU H B, SUN D W, MA J, et al. Classification of fresh and frozen-thawed pork muscles using visible and near infrared hyperspectral imaging and textural analysis[J]. Meat Science, 2015(99):81-88.

[188] 何加伟, 王怀文, 计宏伟. 基于近红外高光谱图像技术的新鲜与冻融牛肉鉴别技术研究[J]. 食品工业科技, 2016, 37(9):3.

[189] CHENG J H, SUN D W, PU H B, et al. Integration of classifiers analysis and hyperspectral imaging for rapid discrimination of fresh from cold-stored and frozen-thawed fish fillets[J]. Journal of food engineering, 2015, 161(2):33-39.

[190] 彭彦昆, 张雷蕾. 农畜产品品质安全高光谱无损检测技术进展和趋势[J]. 农业机械学报, 2013, 44(4):137-145.

[191] 张凯华, 减明伍, 王守伟, 等. 基于光谱技术的畜禽肉新鲜度评价方法研究进展[J]. 肉类研究, 2016, 30(1):30-35.

[192] 李媛媛, 赵钜阳, 齐鹏辉, 等. 高光谱成像技术在红肉质量特性无损检测中的应用[J]. 食品工业, 2016, 37(1):264-268.

[193] KAMRUZZAMAN M, MAKINO Y, OSHITA S. Online monitoring of red meat

color using hyperspectral imaging[J]. Meat Science, 2016(116):110-117.

[194] CRICHTON S O, KIRCHNER S M, PORLEY V, et al. High pH thresholding of beef with VNIR hyperspectral imaging[J]. Meat Science, 2017(134):14-17.

[195] CRICHTON S O, KIRCHNER S M, PORLEY V, et al. Classification of organic beef freshness using VNIR hyperspectral imaging [J]. Meat Science, 2017 (129):20-27.

[196] XU J L, SUN D W. Identification of freezer burn on frozen salmon surface using hyperspectral imaging and computer vision combined with machine learning algorithm[J]. International Journal of Refrigeration, 2016(74):151-164.

[197] 邢素霞, 王睿, 郭培源, 等. 高光谱成像及近红外技术在鸡肉品质无损检测中的应用[J]. 肉类研究, 2017, 13(12):30-35.

[198] 邢素霞, 王九清, 陈思, 等. 基于 K-means-RBF 的鸡肉品质分类方法研究[J]. 食品科学技术学报, 2018, 36(4):93-99.

[199] 张雷蕾, 李永玉, 彭彦昆, 等. 基于高光谱成像技术的猪肉新鲜度评价[J]. 农业工程学报, 2012, 28(7):254-259.

[200] 朱启兵, 肖盼, 黄敏. 基于特征融合的猪肉新鲜度高光谱图像检测[J]. 食品与生物技术学报, 2015, 34(3):246-257.

[201] 刘媛媛, 彭彦昆, 王文秀, 等. 基于偏最小二乘投影的可见/近红外光谱猪肉综合品质分类[J]. 农业工程学报, 2014, 30(23):306-313.

[202] KHOJASTEHNAZHAND M, KHOSHTAGHAZA M H, MOJARADI B, et al. Comparison of Visible-Near Infrared and Short Wave Infrared hyperspectral imaging for the evaluation of rainbow trout freshness [J]. Food Research International, 2014, 56:25-34.

[203] DAI Q, CHENG J H, SUN D W, et al. Prediction of total volatile basic nitrogen contents using wavelet features from visible/near-infrared hyperspectral images of prawn[J]. Food Chemistry, 2016(197):257-265.

[204] YU X, TANG L, WU X, et al. Nondestructive Freshness Discriminating of Shrimp Using Visible/Near-Infrared Hyperspectral Imaging Technique and Deep Learning Algorithm[J]. Food Analytical Methods, 2018(11):768-780.

[205] 段宏伟，朱荣光，许卫东，等. 基于 GA 和 CARS 法的真空包装冷却羊肉细菌菌落总数高光谱检测[J]. 光谱学与光谱分析，2017，37(3)：847-852.

[206] 朱荣光，姚雪东，段宏伟，等. 羊肉挥发性盐基氮的高光谱图像快速检测研究[J]. 光谱学与光谱分析，2016，36(3)：806-810.

[207] 张晶晶，刘贵珊，任迎春，等. 基于高光谱成像技术的滩羊肉新鲜度快速检测研究[J]. 光谱学与光谱分析，2019，39(6)：1909-1914.

[208] PU H B, SUN D W, MA J, et al. Hierarchical variable selection for predicting chemical constituents in lamb meats using hyperspectral imaging[J]. Journal of Food Engineering, 2014(143)：44-52.

[209] 魏文松，彭彦昆，郑晓春，等. 基于优选波长的多光谱检测系统快速检测猪肉中挥发性盐基氮的含量[J]. 光学学报，2017，37(11)：1130003-1-1130003-12.

[210] 田卫新，何丹丹，杨东，等. 一种基于高光谱图像的熟牛肉 TVB-N 含量预测方法[J]. 食品与机械，2016，32(12)：70-74.

[211] 孙宗保，梁黎明，闫晓静，等. 基于高光谱成像技术的进口冰鲜牛肉新鲜度指标检测[J/OL]. 食品科学，[2019-12-13].

[212] 邹小波，李志华，石吉勇，等. 高光谱成像技术检测看肉新鲜度[J]. 食品科学，2014，35(8)：89-93.

[213] 杨东，王纪华，陆安祥，等. 肉品质量无损检测技术研究进展[J]. 食品安全质量检测学报，2015，6(10)：4083-4090.

[214] 赵杰文，惠品，黄林，等. 高光谱图像技术检测鸡肉中挥发性盐基氮含量[J]. 激光与光电子学进展，2013(7)：158-164.

[215] QIAO L, TANG X Y, DONG J, et al. A feasibility quantification study of total volatile basic nitrogen (TVB-N) content in duck meat for freshness evaluation[J]. Food Chemistry, 2017(237)：1179-1185.

[216] 赵健. 高光谱成像技术检测延边黄牛肉的新鲜度[J]. 现代食品科学，2020，36(2)：271-276.

[217] CHEN Q S, ZHANG Y H, ZHAO J W, et al. Nondestructive measurement of total volatile basic nitrogen(TVB-N) content in salted pork in jelly using a hyper-

spectral imaging technique combined with efficient hypercube processing algo-rithms[J]. Analytical Methods, 2013, 5(22):6382-6388.

[218] 刘飞, 邹昊, 田寒友, 等. 提取近红外光谱有效变量快速检测猪肉挥发性盐基氮[J]. 肉类研究, 2015, 29(9):25-29.

[219] GUO T F, HUANG M, ZHU Q B, et al. Hyperspectral image-based multi-feature integration for TVB-N measurement in pork[J]. Journal of Food Engineering, 2018, 218:61-68.

[220] 范中建, 朱荣光, 张凡凡. 基于 BP 和 Adaboost-BP 神经网络的羊肉新鲜度高光谱定性分析[J]. 新疆农业科学, 2018, 55(1):183-188.

[221] JIANG X H, Xue Heru, Zhang Lina, et al. Nondestructive detection of chilled mutton freshness based on multi-label information fusion and adaptive BP neural network[J]. Computers and Electronics in Agriculture, 2018(155):371-377.

[222] KHULAL U, ZHAO J W, HU W W, et al. Nondestructive quantifying total vola-tile basic nitrogen (TVB-N) content in chicken using hyperspectral imaging (HSI) technique combined with different data dimension reduction algorithms [J]. Food Chemistry, 2016(197):1191-1199.

[223] PU H B, SUN D W, MA J, et al. Classification of fresh and frozen-thawed pork muscles using visible and near infrared hyperspectral imaging and textural analysis [J]. Meat Science, 2015(99):81-88.

[224] SANZ J A, FERNANDES A M, BARRENECHEA E, et al. Lamb muscle dis-crimination using hyperspectral imaging Comparison of various machine learning algorithms[J]. Journal of Food Engineering, 2016(174):92-100.

[225] LI H H, SUN X, PAN W X, et al. Feasibility study on nondestructively sensing meat's freshness using light scattering imaging technique[J]. Meat Science, 2016 (119):102-109.

[226] NAGANATHAN G K, CLUFF K, SAMAL A, et al. A prototype on-line AOTF hyperspectral image acquisition system for tenderness assessment of beef carcasses [J]. Journal of food engineering, 2015(154):1-9.

[227] 彭彦昆, 江发潮. 肉制品嫩度无损检测的超光谱成像系统及检测方法:中国,

101178356[P]. 2008-05-14.

[228] 孙宏伟,彭彦昆,林碗. 便携式生鲜猪肉多品质参数同时检测装置研发[J].
农业工程学报,2015,31(20):268-273.

[229] 王文秀,彭彦昆,孙宏伟,等. 基于光谱技术的原料肉新鲜度指标在线检测
系统开发及试验[J]. 光谱学与光谱分析,2019,39(4):1169-1176.

[230] Li Y Y, HANG L L, PENG Y K, et al. Hyperspectral imaging technique for de-
termination of pork freshness attr i butes[C]. Sensing for Agriculture and Food
Duality and Safety,2011:1-9.

[231] DE M M. On-line prediction of beef quality traits using near infrared spectroscopy
[J]. Meat science,2013,94(4):455-460.

[232] 郭培源,林岩,付妍,等. 基于近红外光谱技术的猪肉新鲜度等级研究[J].
激光与光电子学进展,2013,50(3):183-189.

[233] ZHANG L L, PENG Y K. Noninvasive qualitative and quantitative assessment of
spoilage attributes of chilled pork using hyperspectral scattering technique[J].
Applied Spectroscopy,2016,70(8):1309-1320.

[234] 中华人民共和国国家卫生和计划生育委员会,国家食品药品监督管理总局.
GB 2707—2016 食品安全国家标准 鲜(冻)畜、禽产品[S]. 北京:中国标准
出版社,2016.

[235] 彭彦昆,张雷蕾. 光谱技术在生鲜肉品质安全快速检测的研究进展[J]. 食
品安全质量检测技术,2010,27(2): 62-72.

[236] 中华人民共和国国家卫生和计划性生育委员会,国家食品药品监督管理总
局. GB 5009. 237—2016 食品安全国家标准 食品 pH 值的测定[S]. 北京:
中国标准出版社,2016.

[237] 姜新华. 基于高光谱成像技术的冷鲜羊肉新鲜度检测研究[D]. 呼和浩特:
内蒙古农业大学,2017.

[238] 中华人共和国国家卫生和计划生育委员会. GB 5009. 228—2016 食品安全国
家标准 食品中挥发性盐基氮的测定[S]. 北京:中国标准出版社,2016.

[239] YU X J, WANG J P, WEN S T, et al. A deep learning based feature extraction
methodonhyperspectral images for nondestructive prediction of TVB-N content in

Pacific white shrimp（Litopenaeusvannamei）[J]. biosystems engineering, 2019
（178）：244-255.

[240] 朱启兵，肖盼，黄敏，等. 基于特征融合的猪肉新鲜度高光谱图像检测[J].
食品与生物技术学报，2015, 34(3):246-252.

[241] 中华人民共和国国家卫生和计划生育委员会,国家食品药品监督管理总局.
GB 4789.2—2016 食品安全国家标准食品微生物学检验菌落总数测定[S].
北京：中国标准出版社，2016.

[242] CHAN D E, WALKER P N, MILLS E W. Prediction of pork quaiity characteris-
tics using visible and near-infrared spectroscopy[J]. Transactions of the Asae,
2002, 45(5):1519-1527.

[243] LIAO Y T, FAN Y X, CHENG F. On-line prediction of fresh pork quality using
visible/near-infrared reflectance spectroscopy[J]. Meat Science, 2010, 86(4):
901-907.

[244] LI H D, LIANG Y Z, XU Q, et al. Key wavelengths screening using competitive
adaptive reweighted sampling method for multivariate calibration[J]. Analytic a
Chimic a Acta, 2009, 648(1):77-84.

[245] 张珏,田海清,李哲，等. 基于数码图像的甜菜氮素近地遥感监测模型[J].
中国农业大学学报，2018, 23(6): 130-139.

[246] 郭培源，徐盼，董小栋，等. 高光谱技术结合迭代决策树的香肠菌落总数预
测[J]. 食品科学，2019, 40(6): 312-317.

[247] 杨荣，赵娟娟，贾郭军. 基于决策树的存量客户流失预警模型[J]. 首都师范
大学学报，2019, 40(5): 14-18.

[248] 黄建琼，郭文龙，李秋缘，等. 基于决策树的城市环境空气质量评价模型实
证研究[J]. 科技和产业，2019, 19(9): 104-110.

[249] 孙梦婷，魏海平，李星滢，等. 利用 CART 分类树分类检测交通拥堵点
[J/OL]. 武汉大学学报:信息科学版,20190288.

[250] KENNEDY J, EBERHART R. Particle swarm optimization[C]// IEEE Interna-
tional Conference on Neural Networks, Perth, Australia, Proceedings, IEEE,
1995: 1942-1948.

［251］KENNEDY J, EBERHART R. A discrete binary version of the particle swarm algorithm［C］// IEEE International Conference on Systems, Man, and Cybernetics, Computational Cybernetics and Simulation, IEEE, 1997(5): 4104-4108.

［252］Kamruzzaman M, ELMASRY G, SUN D W, et al. Non-destructive assessment of instrumental and sensory tenderness of lamb meat using NIR hyperspectral imaging ［J］. Food Chemistry, 2013, 141(1): 389-396.

［253］KAMRUZZAMAN M, ELMASRY G, SUN D W, et al. Prediction of some quality attributes of lamb meat using near-infrared hyperspectral imaging and multivariate analysis［J］. Analytica Chimica Acta, 2012(714): 57-67.

［254］曹引, 冶运涛, 赵红莉, 等. 基于离散粒子群和偏最小二乘的水源地浊度高光谱反演［J］. 农业机械学报, 2018, 49(1): 173-182.

［255］杨帆, 申金媛. 基于 BPSO 和 SVM 的烤烟烟叶图像特征选择方法研究［J］. 湖北农业科学, 2015, 54(2): 449-452.

［256］张珏, 田海清, 赵志宇, 等. 基于改进离散粒子群算法的青贮玉米原料含水率高光谱检测［J］. 农业工程学报, 2019, 35(1): 285-293.

［257］澎涛, 苏艺, 茶正早, 等. 基于 BP 神经网络的橡胶苗叶片磷含量高光谱预测［J］. 农业工程学报, 2016, 32(增刊1): 177-183.

［258］BREIMAN L. Stacked regressions［J］. Machine Learning, 1996, 24(1): 49-64.